超限戦に敗れない方法

令和版・『闘戦経』ノートII

池田　龍紀

『孫子』の現代版『超限戦』に対峙する『闘戦経』

いま、何故、『闘戦経』なのか。

例えば、令和2年11月25日、訪日中の中国の外相・王毅は尖閣問題について踏み込んだ発言をした。日本は偽装漁船を「敏感な海域」に就航させている、というのである。

日本側に向けてのものではなく、日本外の世界に尖閣（魚釣島）は中国固有の領土だと強調するための貴重な一つの布石だった、と思われる。シナ人の得意とする韜晦《とうかい》（本心を隠すやり方）に満ちた高等政略の文脈に入る発言である。

日本側の茂木外相は、ここで王毅の発言を受け流す失態を演じた。結果的にその発言を容認したと受け取られかねない。茂木の応対には一国の外政を担う意識に基本的な欠落がある。ぼんやりして見過ごした、では済まない。領土をめぐり係争地になっている深刻な争点なのである。

茂木の応対に見られるのは、一国の存在が国際社会で存在する際に求められる「威」（武力）の失われた状況での不作為の失態である。76年前の敗戦と7年弱の占領下での日本改造の結果が、外相・茂木の言動や動作に露出している。彼には、威の裏付けが不可欠なのがわかっていない。戦狼外交の先頭に立つ王毅にとっては、茂木のノーテンキな振舞いは赤子の手を捩じるようなものだった！

日本は従来のような「外交」だけに限定して対応し続ければ敗れる。すでに今回の王毅の上から目線の臆面もない言動に出ている。
こうした中国の急速な台頭と傍若無人の振舞いと、それに対して諾々と追認に終始する日本の政治に、私は強い危機感を抱いた。

今、中国は世界の超大国として覇権を握るべく『超限戦』をしかけている。『超限戦』とは、1999年に、中共空軍の政治将校であった二人の佐官が、1991年1月から2月にかけてのイラクに向けた米国および多国籍軍による湾岸戦争での圧倒的な軍事力の行使とその結末を見て、中共党の支配する中国はいかに対処するかを考究した、戦略・戦術書である。『孫子』の現代版とも言われている。

これに対し日本には、『闘戦経』がある。平安時代（西暦1000年頃）に、日本人として『孫子』にいかに対峙するかを考究した日本文明に根差した戦争学である。
中国に敗北を喫しないために、日本はどう対応すればいいのか。その答えを『闘戦経』が与えてくれる。だから「いま、何故、『闘戦経』なのか」なのである。

本書は、「中国という覇権に敗れない方法　令和版・『闘戦経』ノート」と同時発売されている。

目次　超限戦に敗れない方法――令和版・『闘戦経』ノートII――

いま、何故、『闘戦経』なのか（補遺）

本文中、各文章の最後にある表記は原稿執筆日です。
（R3・04・13）のRは令和のことです。

まえがき　平和ボケした日本国及び日本人の危うさ

―闘戦経を読み解くことの重要性―

闘戦経はその記述内容から、平安時代の著述で、武家が政治を掌握した鎌倉時代以前であるのは確かのようである。

以下にも記しているように、孫子との併読を勧めているところから、大陸から伝えられた兵学の必要性は認めつつも、日本の風土・国情の自覚に基づく知的な営為の産物であった。之から類推されるのは、古代シナ文明の流入による洗礼をうけて、5世紀近くをかけて咀嚼した成果であったと推察できる。この認識は本書に取り組む際に、あらかじめ求められる在り方である。

この分野が個人の生き死にだけでなく集団の生存にかかわる分野であるところに、扱いに慎重さが求められる。この三四半世紀の日本は、兵学（戦争学）に神経を注がなくて済んできた稀有で「至福な期間」であった。が、場合によってはこの間の至福な無為が、「緩慢な自殺の準備の過程」として致命的になりかねないのを見落とせない。

闘戦経の追求し到達した境地そして内容は、そうした「至福な期間」を是とする戦後日本の思潮に真向から拒んでいる。それが、平和ボケした日本国及び日本人を救う道となる。

以下、国際比較から眺望すると、戦争や戦闘のテクニカルな側面とメンタルな領域を削除した異様な戦後日本の総括を兼ねながら、闘戦経の日本思想史での位相を意外な出来事というか成果を紹介するところから試みてみたい。

(1) 緩慢な自殺の準備に着手していた「戦後」の旧戦場での現実

シナ大陸や台湾の場合：

この間(兵学に神経を注がなくて済んできた日本の三四半世紀)の日本列島の周辺では、5年後に朝鮮戦争が起きている。シナ大陸では百万余いた日本軍の撤退後に暫時の休戦期間を経て国共内戦が起きている。山砲など兵器の使用の仕方、医療から航空機など専門を生かして、共産軍に徴用された兵士を含めた日本人も多い。1949年に本土で敗れた国民党軍は台湾に亡命して、大陸反攻を国是にした。シナ派遣軍の総司令官岡村寧次は日本軍の撤退期間、蒋介石の最高顧問に就いていた。蒋は、夷を以て別の夷である「ソ連」の手先・共産軍を制しようと目論んでいたのか。その心中は明らかにされていない。その縁から旧日本陸軍のシナ大陸に土地勘のある陸大出身の佐官クラス80名余のエリートが亡命政権に20年近く協力した。シナ大陸と縁の切れた、ということは人の補充面は全くない台湾での新生国軍の編成は、旧日本陸軍を抜きにしてはあり得なったのである。この史実の問題性については、後掲の「日本の安全保障の鍵を握るのは台湾」(二十八・補遺十一)で若干触れている。

一方で台湾島での新支配者である国民党政府による軍事優先の圧政、なんと日本統治時代と比べると2千倍になったインフレにより、一様に貧困に突き落とされた台湾社会、および日本統治時代の法治を知る台湾人の大陸から来たシナ人官吏の病患である汚職への反発から、騒擾事件に端を発した228事件(1947)が起きた。この事件は国民党政権が情報の封殺を行ったので、口伝以外に知るすべはなかった。公然と語られるようになるには、1988年に李登輝が中華民国の総統になって、民選により統治の正当性が浸透した1990年代半ばからである。白色テロの犠牲になった台湾人への慰霊が公然と行われるようになった。

支那事変中に南京から重慶に遷都していた政府は、事態収拾？　で国民党統治を島内で周知徹底するために、潜在的な危険分子になり得るとの想定の下に、日本時代に高等教育をうけた優秀な人材3万余を抹殺した。李登輝、辜振甫などテロから生き延び得たのは、証言はないものの、賄賂だったと推測する向きもある。

この数年前の国民党政府による台湾人に向けた組織だったクールな白色テロの出来事を、台湾で1950年代から新生国軍の育成に従事した80余名の日本の旧軍人は、おのれの職責においてどのように受け止めていたか。その記録は寡聞にして知らない。228事件以後、世界最長の戒厳令が半世紀近く国民党政府の統治下で敷かれていたのである。

東南アジア各地の場合：

インドシナではベトナムで日本軍の撤退後に宗主国として旧態復帰を意図したフランス軍に、ホーチミン率いるベトミンの抵抗から内戦が起きた。インドネシアでも旧宗主国オランダが復帰を試み、ジャワ派遣軍司令部参謀部別班に育成されたPETA（郷土防衛義勇軍）を主力にした独立戦争が起きた。別班直属の青年道場がジャカルタ近郊のタンゲランに設置され、PETAの幹部は軍事教練を施された。ジャワ派遣軍は日本軍の補助兵力にするつもりであったようだ。直接関わった班の責任者は、中野学校出身者であった。

両地域では旧日本軍の将兵が戦後に始まる独立戦争に参画して、戦闘に従事していた。前者は現在のベトナムによる南ベトナム併呑、後者では独立後にインドネシア国軍の成立に寄与した。いずれの場合も千人近くが参加。日本軍の初歩的な兵学（軍事教練）の現地化の試みとして捉えられる。

ベトナム中部のクアンガイでは旧日本軍の将兵が主導して士官学校相当の軍事中学校が開校、選抜された400名ほどが半年間教育訓練を受けたという（井川一久の調査に負う）。

現在、世界中から非難を浴びているミャンマー（旧名ビルマ）の場合も大東亜戦争開戦前に選抜された30名（うち1名は在日本留学生）のビルマ青年を海南島に招いて日本軍の特務機関である南機関が集中訓練を施し、開戦とともに日本軍と一緒にビルマに進攻した。戦後はビルマ国軍の中枢を担った。

以上が近代日本の兵学が戦後の東アジア各地に継承された説明不十分の概観である。内地では戦争は終わったが、外地では終わっておらず、むしろその地の土着の風土の中での新たな戦場で、当面の敵と戦いながら再生していたのだ。ここで提起されている異文化変容（acculturation）問題は、軍事的では収まらない。日本にとって現在のシナ帝国の台頭という事実の前に軽視できないから。

（2）現代日本の危うさの背景にあるもの

兵学というジャンルは、一つの文明の生き残りに直接する極致なり極限の産物である。ということが、軍事、戦争学から人為的に隔離されてしまった日本列島の「戦後」において、日本人の大部分が理解できる思考回路を遮断されて現在に至っているのだ。この異様な事態を常態に軌道修正するにはどうすればいいか。かなり強烈な刺激、敵との遭遇など、がないと無理だろう。

中華人民共和国（中国）は、改革開放を謳った鄧小平以来、「社会主義市場経済」という鵺的な発想をお題目に、創《はじ》めは米国や日本の外資導入により経済成長を遂げた。コミュニズムはどこかに消えたが、中共党による一党独裁の支配は変えていない。そして、シナ文明伝来の戦争学、一般的に孫子に代表される「非軍事の戦争行動」（『超限戦』日本語版への著者序文。２００１年９月）を積極的に前面に出した超限戦法を駆使している。軍事・戦闘力の範囲や認識が拡大されたのである。

この方略は、日本に対しても非軍事面で着実に浸透している。自然体で入り込むので、軍事的には米軍により守られてきたのが自然状態になって久しいために、平和ボケした日本人の大半は基本的に気付いていいない。

（３）近代日本の兵学が戦後の東アジア各地に継承された評価問題

この「戦後」にならないはずの現象を含めて日本及び日本人の兵学の戦後は、東アジア各国の建国のその後の推移と密接に関わっている。だが、どう把握するかについての巨視的な見地の構築は試みられていない。

この情態は、徳川３代将軍家光の時代から始まった鎖国と以後の推移と近似している、といえなくもない。戦後の日本人の大半は、列島外の日本に関わるここでの問題意識である兵学一般さらに日本兵学に至っては、全く関心を寄せていないで今日に至った。このなかば自発的な無関心ぶりの徹底も、列島の外界の動態と比べ不思議な現象である。どのように解釈していいのか、戸惑う。

近代日本の軍事は洋式に再編された。海軍は英国、陸軍は徳川末期にはフランス、普仏戦争（１８９０〜１８９１）でのフランスの敗戦を見てプロシャ（現ドイツ）への傾斜が顕著になった。武器等の技術面は洋式で国産が凌駕したのは昭和に入ってからである。世界を圧倒したのは戦闘機では零戦、戦艦では大和と武蔵である。これはハード面の領域である。東アジア各地に普及された兵学・戦争学で見落とせないのは、その是非及び評価はさておき、メンタルな部分での日本兵学の浸透である。国定のそれは軍人勅諭（1882・01）である。国定というより欽定というべきであろう。明治天皇により陸海軍将兵に向けて下賜された。ここには、後世から批判の対象にされた兵站より精神力を重視する在り様の原型が示されている、という見方もある。物量の不十分な日本の反映であった。

日本の敗戦を機に共産軍に自軍の自壊により敗者になった蔣介石は、台北で新生国軍の幹部に向けて、旧日本軍のメンタルな側面に学べと訓示している。米国の支援を受けていながら、米国の兵站重視を避けたのである。

インドネシアではタンゲランの道場で、イスラーム重視と精神面で敵を越えろとしごかれた模様を、後の国軍の幹部になった将軍が肯定的に回顧している。伝聞ではなく直話である。

ハード面では洋式でもソフト面では、the West の諸国の軍隊にはない、日本統治時代に教育を受けた台湾人の巷説でいうところの、台湾語の「日本精神」（リップンチェンシン）である。日本兵学を現地化するに際して、旧日本将兵は、軍隊の中で習得した自分の信条を正直に伝えたのであろう。ベトコンの対米戦での異様なまでの抵抗の文脈もこの在り様と無縁ではないかもしれない。

新生台湾軍の創成に主力になった旧帝国陸軍のエリートが台湾で徴募された台湾人の新兵に対し、またはベトミンの軍事中学校やインドネシアのタンゲラン青年道場でのテクニカルな科目はともかく、習得する技法を用いる兵の戦闘力を強化するためのメンタルな部分のカリキュラムはどういう内容であったのか、興味津々であるものの口伝はともかく系統だった情報はあまり豊富ではない。

(4) 闘戦経に至る思索が深められた半面での創成

最近聞いた話で衝撃を受けたのは、その方の知人・日本刀の研師から聞いた話である。以下の「また聞き」の下りだ。奈良時代の刀は大陸風の直刀であった。平安時代に入り直刀に反りが入り、後の日本刀の原型ができる、その反りが主流になるためにどれだけの実用を経たか、との所懐を聞いたときであった。腹にズシンと来るものがあった。

この平安時代の日本人の足跡、踏み固めた轍《わだち》こそが、次に来た鎌倉時代の日本国の輪郭や基礎を形作っていた、と思われる。闘戦経のキーワード「我武」（第一章冒頭）を象徴する挿話だ。平安時代の重要さなり深さなりを識った稀な機会であった。

孫子が輸入されて以後、兵事を任とする者は、その体系の習得に持ち前の真摯さによって自家薬籠中のものにすべく取り組んだ。多くの試行錯誤を経て「反り」の境地を見出した一つの成果が、闘戦経の章文に凝縮された。

その間の発酵と熟成に5世紀かかったとしたら、近代では主流の the West 文明に接してまだ2世紀に満たない。咀嚼の時間は十分といえるか。まだまだ学習の時間ではないか、という感じがするのは否定できない。とくに力（パワー）の制御に関するノウハウについての経験が不十分の気がする。この分野は、大東亜戦争の敗因なり失敗なりの研究への不徹底と裏腹の関係にある。

(5) 本論集の取り組み方あるいは読み方

本書「一部」の最後の「あとがき」（04・10）の冒頭に記しているように、最近の中国の傍若無人の振舞いに触発されて、思いつくままに書き連ねた。頭の片隅には、中国（中共党軍）の『超限戦』というコンセプトによる新たな兵法の提示がある（後掲、補遺八、九、を参照）。

当然、日本でも闘戦経の哲学なり世界観なりに基づく核兵器時代を意識した兵法の模索と提起が求められている時機に入りつつある。三四半世紀の無為は、単なる惰眠であったのか、それとも「我武」に基づく新たな兵法を築くために必要とされた沈黙沈思の期間であったか、が問われている。やがて明らかになる。

１９４５年の終戦以後の東アジアにおいて日本が主力になって戦った戦争の遺産の評価を放棄して現在に至った。遺産の継承放棄には、敗因なり失敗なりの研究の機会放棄も含まれている。見ないで済ませていたものの、現在、凝視する必要な時宜に来ている。この時宜の意味に気付かないと、日本は再び敗れるであろう。

いままでの無視は虫のいい手前勝手の処理であった。つまり処理になっていなかったのである。見ないからといっても、事態は変わらないでそこにある。中国の台頭は、今の日本人のそれぞれにブーメンのように見ないで済ませていたものが戻って来始めている。見ないふりは、歴史に対する明確な責任放棄であったのだ。

付けの支払いが迫られている状況に事態が入りつつある。ここで見ないふりをし続けることは、6年前に北京で大々的に開催された「抗日戦勝利70周年記念式典」の歴史認識を容認することになる。自分で自分の顔にどろを塗りつけるようなものだ。あるいは自分で首を絞める動作なのである。

この論集は、そうしたこれまでの緩慢な自殺行為を拒む見地から記述されている。闘戦経の本旨は、そのような在り様を「四体未だ破れずして心先づ衰《おとろ》ふるは、天地の則に非ざるなり」（闘戦経第十四章の末尾）と説いている。敗戦後の日本列島の住人は、「心先づ衰ふる」状態にさせられたのであった。一種の仮死状態に置かれてきたのに気付くことが求められている。

（6）核兵器に囲まれ非核国家に棲む日本人の闘戦経の読み方

ここに至って、今後の日本の生存を意識した場合の兵法を含む兵学ないし戦争論の骨格を意識しなくては、シナ大陸に興隆しつつある勢力（パワー）にいかに伍していくかの方策は明らかにしえないだろう。しかも、核大国としての米露中三大国に日本は包囲されている。加えて、北朝鮮も貧者の核保有国になっている。核とミサイルを保有すれば、鬼に金棒である。

核保有国と非核国では国際政治の舞台での発言権は、信じられないくらい格差がある。イランはそれを知るがゆえに執拗に核開発を追求している。それを知る公然の秘密である核保有国のイスラエルは、事あるごとにイランを最新技術による特殊工作を用いても実際上で妨害するのだ。

勝手に日本列島を意識して第一列島線や第2列島線を線引きして、軍事力で押してくる相手に軍拡で対応するのは下策である。議会政治を制する選挙民も望まない。

しかも戦力不所持と交戦権の否定を現行憲法で墨守しているかぎり、日本国と日本人の生存は危うい。その現実にまだ大方の日本人が本気で気づいているようには見えない。ここは、戦いの本質を日本人の古来からの自然観に由来する「我武」を以て極限まで追求した智恵に立脚しない限り、生き残りの選択肢が生起して来てくれない。以下の拙論は、そのための準備の試みでもある。

（R3・04・13）

一部　いま、何故、『闘戦経』なのか

いま、何故、『闘戦経』なのか（前説）

いわゆる日本学の営為について（前説一）

まえがき

今風のシナ帝国の急速な台頭への危機感が、日本社会でも急速に浸透している。そのきっかけは、明白に日本領である尖閣諸島海域への、中共による傍若無人の侵犯行為である。現在の国際公法において、その公然とした侵犯行為に対し、日本政府が自国領という以上、国土を守るために必要な措置を講じているかというと、与党内に生息する中共との友好派（内間。孫子の用いたインテリジェンス上の要員。後述）に気兼ねして、当然の自衛措置がとれない。

この現状には、明白に中共からの陰に陽に浸透がある。今様の言い方をすると、「友好」に名を借りた「分断」工作が効を奏しつつある。この実情は、米国を中心にした多国籍軍がイラクを攻撃した湾岸戦争（１９９１・01）での、米軍の航空戦力を主にした空前絶後の大規模な戦闘スタイルに驚愕した、中共党の軍である人民解放軍の空軍佐官が発表した『超限戦』（１９９９）の「非軍事の戦争行動」の実際上の展開にある。

当時の中共軍は、発足当初は在満洲の旧日本軍の航空部隊の徴用により作られた空軍、さらに朝鮮戦争を機にソ連からの供与により出来た航空戦力であり、米軍と比べれば無きに等しかった。そうした劣悪な環境をいかに打開するかを著者の二人は考えた。それでできたのが『超限戦』である。その発想は、古代シナ文明の成果の一つである『孫子』の現代版でもある。

(1) 日本政治の劣化を示す中共の「分断」工作の浸透

「分断」工作の成功例は、先のトランプが落選した? 米大統領選挙にも出ている。専らプーチン・ロシアによるハイブリッド戦争の発想による浸透事例と言われている。その側面も確かにあるだろう。だが、中共による米政治社会への分断への浸透はオバマ以前、ブッシュに始まり、財貨の好きなクリントン大統領の時代から顕著になったのは公然の秘密である。その余波は、現在のバイデン大統領にも及んでいるのも公然の秘密である。合法を装っての経済工作であるから始末が悪い。

日本でも、産業面ではサプライチェーンという仕掛けで、日台中の一体化は特に半導体の分野で公然とした態様にある。この現実を背景にした「分断」の浸透に、本格的な対応は見えていない。最近、経済安全保障というコンセプトで、やっと問題意識が自民党内に出てきた。岸田内閣に至り閣僚ポストもできた。この動きは、浸透へのあまりの鈍感さに、憂慮の始まった対応現象であろう。遅すぎるというものでもない。

しかし、こうした中共党の浸透工作は中共党の創作と思わない方がいい。大正から発する昭和の「軍閥」にも、関東軍を籠絡した東北軍閥の雄、張作霖により行われていたのは、事情通には公然の秘密であった。赤札とか。こうした工作のスタイルは彼の社会にとっては伝来の方法なのである。加えて、1929年秋から始まった世界経済恐慌は、モスクワ発のコミュニズムの浸透を招き、官僚から陸軍佐官級にまで及んだ。

（2）『孫子』に記されている伝来の方法とは

『孫子』の三章は謀攻篇である。ここで、「上兵は謀を伐つ」という。では、謀とは具体的に何をどうするのか。五章の勢篇で明示するのは、「善く戦う者は、これを勢に求めて、人を責めず」。形勢の勢の重要性に留意している。頼山陽も『通義』で「勢」を論じた。勢を取り上げたのは実に含蓄の深い下りで、その解釈は、十三章用間篇にある。

「間を用いるに五あり。因間あり、内間あり、反間あり、死間あり、生間あり」と。因間とは、現代でいうなら、倒すべき対象国の一般国民を指している。内間とは、対象国の中枢を構成する政官そしてサプライチェーンで利を得ている財界を意味している。反間とは、敵国のインテリジェンス従事者を寝返りさせて用いる。死間とは、発覚しても、しなくても必要とあらば、敵地で従容として死ぬ者。生間とは、敵国内で諜報活動をして帰還する者。

現在の日本社会でいうなら、全国各地にある日中友好協会や孔子学院は因間の巣窟であろう。厄介なのは内間である。

（3）日本学の系譜にある闘戦経

古代から日本はシナ大陸に興亡する国家、彼らが誇示する文明を無視しては成り立たなかった。といって朝鮮半島のように、その影響下に諾諾とするのは潔しとしなかった。そこに日本学の営為が起きた。聖徳太子の十七条の憲法（西暦６０４年）をはじめ万葉集や記紀（古事記、日本書紀）は、その営為の初期の産物であった。日本文明における基軸の自意識が開示されている。

闘戦経は、繰り返すように西暦1000年代、平安時代の作と言われる。作者か継承した大江家の箱の表記には、孫子との併読を勧めていたという。しかし、一般化することはなかった。相伝とする秘伝としたからか。とまれ、1世紀代の作としたら、戦争学では大陸文明の浸透に対峙するのに5世紀近くはかかったことを暗示している。

（4）日本学の一つの成果、闘戦経の継承

現在に遺る記録の範囲から、日本学の営為の努力は6世紀ごろからの受容の自覚から、自立の意図は健気に試行されていた。闘戦経が平安時代の作としたら、従来の歴史では局地的な戦乱はあっても、平穏な世相にあったと印象されてきた同時代は、闘戦経の内容から見る限り、深層で深刻な思索の時代であったものと推測される。この労作が突然変異の作品とは思えないからである。南北朝の時代に、南朝に与した名門とは言い難い地方豪族の楠木正成が、闘戦経の勉強会に参加していたという風説が事実としたら、意味するものの深さは容易ではない。

問題は、この書は日本文明の基軸に関わっているから、楠木も参列したのであろう。後世、幕末に至りどう流布されたかは、まだ不明である。だが、昭和に入り、海軍で講義されていたのは、継承が一部で根強いものであったことを類推させる。

（R3・08・20。一部加筆、10・12）

1945年の敗戦、占領下での日本学の運命（前説二）

（1）1945年9月から1952年4月までの占領下

人文系、社会科学系の日本学の試みは、占領下でその一切が軍国主義の名のもとに放逐された。遅まきながら西尾幹二が、米占領軍による日本諸学の成果や試みを焚書した名簿を継続的に刊行した（『GHQ焚書図書開封1　米占領軍に消された戦前の日本』徳間書店　2008〜『12　日本人の生と死』徳間書店　2016・08）。

ぼんやりした記憶だが、思想の科学研究会の共同研究『日本占領』（1972）にも、占領軍の焚書に関する記述があったが、その後の追求は、西尾の作業になるまで公表されることはなかったように思う。最大の媒体であった新聞社が口をつぐんでいたからである。産経新聞の記者であった高山正之は、週刊新潮の末尾にあるコラムで、朝日新聞社の占領下でのGHQへの協力についての不都合な史実への沈黙を揶揄するが、同社の自己総括は、相変わらず一切しない。

占領下での言論統制の事実を、米国の資料をもとにして解剖した江藤淳の労作は、実際上は無視された。西尾の労作も常識化するに至っていない。江藤は『閉ざされた言語空間』（文春文庫）と評したが、同時代の学者・評論家の多くは自己否定に通じるので無視して済ましたし、済ましているのである。

この異様な実態が三四半世紀を経ても牢固と継続しているところに、知的な日本再生の大きな障害となっている。しかし、若い世代から、自虐にうんざりしての「戦後知性」への異議が提示されるようになったのは、健康な証明であり好ましい状況でもある。以下、表題に沿って問題点を提起しておきたい。

本題の背景にある制約を明らかにしないと、次の段階に進めないからである。

(2) 日本学軽視の前史としての近代・文明開化

1868年・明治元年から日本は開国し、欧化・文明開化を国策として、あらゆる文物を英独仏さらに米国から移入した。舶来が最初の主題になった。この趨勢には、当時の日本では最高の欧化知識人である福沢諭吉の欧化万能への自立した批判など、消し飛ぶ勢いでもあった。時代の勢いは、維新後30年にも満たない1894年の日清戦争の勝利、その10年後には日露戦争での辛勝という事実によって、従来の欧化路線は自明であり確固としたものになった。

徳川時代の素養を身に着けていた世代の次の明治末期・大正世代には、江戸時代の有り様を知らない。欧州留学組のエリートが国務・軍務に従事するようになっていった。その大勢には、日本学を自らに課すような修養意識は、ほとんどない。例えば、内村鑑三や新渡戸稲造の知的試みは例外であり、無縁であった。

(3) 1917年・ロシア十月革命の浸透

日露戦争での敗戦(1905)が結局は深刻な影響をもたらし、ロシアのロマノフ王朝はレーニン率いるボルシェビキにより倒された。世にいう1917年の十月革命である。内外で圧倒的に劣勢な革命政権は、自己の正当性を主張するために、革命の輸出を主要な課題というか国策にした。欧州、主にドイツへの浸透はうまくいかなかった。英米でも。結果、先進資本主義国よりは植民地・半植民地に主力を注ぐことになった。最大の対象は中国で、孫文の党派と組んで、中国国民党は連ソ容共策に基づき国共合作に進んだ。

日本は遅れた帝国主義国家に位置づけられ、国民党は反日に舵をきった。同時にモスクワは日本への浸透にも着手した。日本共産党の創設は1922年。コミュニズムは伝染病のように旧制高校と大学に蔓延した。学生というより教員が染まったから。社会科学という名称はマルクス主義の代名詞となった。

この例証は、新渡戸の弟子になる矢内原忠雄の作である『帝国主義下の台湾』(1929)を読むとわかる。その解明方法はマルクスというかレーニン主義の援用である。ここには師であったはずの新渡戸が、台湾経済を強化するために糖業に実際に取り組んだ努力を全く考慮においていない。新渡戸を高く評価した李登輝が矢内原を一切無視している背景を考える必要がある。

しかし、学者諸先生だけではない。まだ本格的な研究はされていないが、どうやら軍の下級将校にも「世直し」にことよせて浸透していった模様である。例えば二・二六事件(1936年)は、専ら北一輝に思想的な影響力を被せて足れりとしている。だが、ロシア革命と日本での同調者による影響力の浸透は、1929年10月のウオール街に始まる世界恐慌が日本経済に壊滅的な影響を与え、恐慌の必然性から資本主義の崩壊をいうコミュニズムが説得力をもったのは無視できない。

当時の陸軍の中堅官僚は、軍へのコミュニズムの浸透を認めたくなかったのであろう。北に全部おしつけて問題の処理を図った、という側面を見落とせない。また、欧米諸学は世界恐慌になすところを知らなかった。有効需要を力説するケインズ経済学(1936)はまだ出来ていなかった。欧米の諸学の祖述に勤しんで足れりとする学者は、モスクワ発の恐慌必然論にただただ拝跪《はいき》(ひざまづいて拝む)するだけだった。

（4）日本文明の基軸を前提に置かない諸学

１９４５年9月から始まった占領政策はポツダム宣言に即して、日本軍国主義を解体し民主化を促進した、というのが大義名分になっている。その実は日本弱体化、それは日本文明の基軸の劣化を意図していたのは公然の秘密である。軍事力の剥奪した後に朝鮮戦争が起きて、警察予備隊を発足させたものの、決して国軍化を意図したものではなかった。米軍の補助兵力でしかなかった。従って、軍事学でも、日本伝来の諸学の継承は顧みられることはなかった。

例え最新式の武器（とは言えない）を保有していても、近代日本軍の成果を背景にした建軍の理義はない。「軍人勅諭」に発する営為とは分断されている。民主化の戦力無き軍事力？であって、過去とは切り離されているからである。せいぜい自衛隊の観閲式で用いられる一部の軍歌に過去を知るよすがあるだけだ。日本文明の基軸とは無縁なのは、案外、近代の開化が連続しているからか。

では、民主化で新たな日本になった、と信じ込んでこと足れり、で済ませていいのか。深刻な課題が突き付けられている精神状況に入ってはいるのだが。まだ、気付いている気配はない。

（R3・08・22）

昭和の将兵による忠誠に関わる戦時・戦後の生態（前説三）

（1）近代における国民国家の諸形態

軍にみられる国民国家の走りはナポレオンによる国民軍の創設であろう。対する英国をはじめ欧州諸国家には、まだ国民軍は無かった。貴族と傭兵の連合軍は、ナポレオン軍に勝てなかった。唯一、勝利を収めたのはロシア軍である。

近代日本の国民軍の走りでは、長州における奇兵隊であろう。この経験が明治になって徴兵制による国民軍の創設になる。国民皆兵は義務教育とセットになっている。それでも西南戦争後に、論功行賞問題で賞与など近衛将兵による反乱が起きている（1878・08）。世にいう竹橋事件である。軍人勅諭（1882・01）が下ったのは、この事件と無縁ではない。

ここでの問題は、軍が国民国家と不可分な関係にあることの意味は何か、である。忠誠の対象が国家にある、ということだ。戦後の史学では、日本の近代は天皇制国家であり、忠誠の対象は天皇にあり非近代性を帯びていた、そこで現行憲法は民主化に基づき国民主権になった、という解釈になっている。

一見、尤もらしいが、ここには米史学による自国の近代史認識をそのまま適用している。欧州での王制国家は、現代でも英国をはじめとして存続しており、ナポレオン戦争を経ても王制を変えなかった。だから非近代だ、とは言わない。ブルボン王朝を廃絶したフランスを除けば王制が無かったのは米国ぐらいだ。

英国は国王に忠誠を誓う。米国は英国から独立した合州国であり国王がいないので、国旗を忠誠の象徴にしている。日本では、徳川将軍職による大政奉還が天皇に対して行われた。古代から継承された天皇が近代では元首になった。そこで、国軍の忠誠対象も天皇になった。それを非近代とみなすのは、史実の経緯を日本に即して素直に見ないからだ。意図して与えられた偏見がいまだに主流になっている。

歴史の経緯は、それぞれ違いがある。天皇を忠誠対象にしたのは、日本文明の基軸が古代からどこにあったかを観れば、不自然ではない。これは昭和の戦時に陸軍が幅を効かせた時期を指して言う軍国主義とは関係ない。

(2) 戦時中の忠誠表現の一つの現実

本文で詳述する『戦陣訓』(1941・01)が昭和の軍兵士を拘束して、太平洋戦線で玉砕など多くの弊害をもたらした。捕虜になった兵士が『戦陣訓』に反したために自暴自棄になり、やがて敵である米軍に協力した事例があるという。中には米軍機に搭乗し、日本軍前線や兵站の場所を教えたという。この変身ぶりは、対日情報将校を戸惑わせたらしい。変身の理由に見当がつかなかったから。

また、毛沢東は『持久戦』論において、日本軍兵士の捕虜を生かして、丁寧に扱い日本革命の尖兵にする、と広言。中共党政権の延安に、後にモスクワから来た野坂参三を校長とする日本工農学校が開校された(1941・05)。生徒は日本軍の捕虜である。開校時は11名。その後、増えていったが、彼らの多くは、戦後の日本社会で地道な活動をした。親中派として忠誠対象は革命になった。

（3）戦後の国共内戦での旧日本軍将兵の関わり

満洲からシベリアに不当抑留された関東軍を中心にした日本軍将兵のうち、帰国が始まると、収容所での洗脳教育に染まった結果、「天皇島に上陸だ」と革命歌を歌いながら復員した集団があった。どうやら、帰国後に憑き物が落ちて、平常に多くは戻ったようだが。ここにも一時期とはいえ忠誠対象の混乱がある。軍による入隊後の教育に問題があったのを覗わせている。

戦後になって八路軍や新四軍とも形容された中共軍に徴用された者は多い。これは軍事・医療など諸技術において中共軍が幼かったからである。だが、心理工作においては日本軍よりも数段も高かった。蒋介石軍の満洲撤退に伴い中共軍の戦闘力が強化された。どうやら事実らしいが、山西省で閻錫山の要請に基づき残った旧日本軍兵士は、圧倒されて徐々に後退した際に、的確な砲撃を中共軍から受けた。それは関東軍の山砲を留用された日本兵が用いたから、という。使用能力の問題である。旧日本軍同士が相喰んでいたことになる。

国共内戦で1949年に重慶から台北に逃れた国民党政権の指導者である蒋介石は、台湾への亡命は米軍の艦船を用いたものの、軍の再建には1950年から旧日本軍の80名近い佐官が1968年まで従事した。元シナ派遣軍総司令官・岡村寧次が敗戦後に100万の日本軍の復員が円滑に進むためにと、総統・蒋介石の最高顧問に就任。その縁から蒋の要請に基づき、佐官群の派遣になったという。

（4）これらの現象から窺えるもの

いずれの事例から見えてくるのは、確信者はともあれ、その多くは忠誠対象に混迷が起きているところだ。旧敵国に協力しているわけだから、広義にいえば、その（一）で紹介した孫子にいう「反間」になっていることに気づいていたのかどうか。どこまで自分の立ち位置が鮮明に自覚されていたのか。とくに、スターリンからまるで建国への貢物のように、シベリアの収容所から中共に送られた旧満洲国の高官や関東軍の幹部約千人は、特設された撫順戦犯管理所に収容された。その後、毛沢東の意を受けた周恩来の特命で、様々な思想教育を受けて洗脳され、日本軍国主義への悔悟の念を表明するに至った。悔悟よろしきを判断され、最後は63年に帰国している。その反省文は、今は知らないが、長春、旧満洲の新京にあった溥儀皇帝の仮御所が陳列館になっていて掲示されていた。1989年晩秋に見学したことがある。誰のものかは言わない。

米軍に結局は協力して同胞を殺すのに加担した者、中共軍の思想教育に敬し罪を悔い日本軍国主義批判に転じた者、彼らは機会便乗ではなく、その結果に至るまで煩悶の日々を経ていた。しかし、結局は旧敵国に屈したのである。そして、自国に仇する走狗になっていることに恥じている気配はない。ここには、戦争という行為が精神的に如何に過酷なものかの自覚は薄いように感じる。

(R3・08・23)

性悪説の孫子、性善説の闘戦経の意味するもの(前説四)

はじめに:孫子の特徴というか領域の設定

表題にあるように、孫子は性悪説に立脚するところから導出されてきた。性善説に立脚すれば、決して出てこない発想である。覇権に関わる以上は、その存続拡大には、謀略を含む方略を必要とし、その領域に国境はない。後世から見て、ときに好ましくない方略を用いるのは当然とは、史書に記されているところである。騙される方が悪いのが世界なのだ。だから、孫子の発想は欧州にも伝播した。つまり、欧州人は参考にした。体験上から自得したのである。

ただし、これは上述のようにあくまでノウハウ、方略上の領域であって、人はいかに生きるか、軍事上での国政はいかにあるべきか、という在り方とは無縁である。将たる者の人格など兵への影響からの必要上は無視していると言えないが、それは別の領域、という自覚は、孫子には鮮明に底流にある。

しかし、国家の存亡に関わる方略である以上、如何にあるべきかとは一線を画すのは、当然でもある。方略は手管の問題だから、対抗する敵へのだましや目眩ましが常態化するのは無理がない。

敗戦直後の昭和天皇の口述を筆記したと言われている『昭和天皇独白録』（文春文庫）にある、敗戦の原因としての第四、に、日露戦争を戦った明治の先人のように「常識ある主脳者の存在しなかった事」とあるのは、敗者の長としての悲痛な言である。第一として、兵法を挙げて、孫子に及び、その方略に精通する者がいなかった、という述懐も入っている。いずれも、昭和天皇から観れば、首脳陣に「常識」がなかった、と明言しているのだ。

（1）孫子に接した日本人の感性など

古代の日本はシナ大陸の文明の中心地である首都に、遣隋使・遣唐使を派遣して留学生を置いて、修学し吸収に努めた。そこに、それなりの選択があり自立心があった様子を窺える。平安時代の作といわれる闘戦経も、孫子の説への傾倒だけでなく、修学を深め自他の違いに気づいた成果の一つであった。

数百年かけて把握し、その違いを文章化したところに日本人の他文明に遭遇しながらも傾倒するだけに終わらない姿勢を見出すことができる。さらに、その感性とそれに基づく知性の懐の深さや凄さを見出せる。それは、自他の違いの認識である。シナ文明と地続きにある朝鮮半島に興亡した勢力にはできない芸当というか実績であった。シナ大陸に起きた覇権も半島と日本の違いに気づいていたようだ。それは双方への距離意識に出ている。半島にある政権には属国ないし属州と見做しているものの、日本には独立性を認めているから。これは中共党の政権になっても同じで、韓国の国会議員団が歴史認識で抗議に北京にまで向かったものの、ウヤムヤになっている。ていよくあしらわれたのである。

(2) 孫子の基調である性悪説に性善説で対峙した闘戦経

闘戦経の孫子との違いの詳細は、他に譲るとして、その骨子は、孫子が性悪説に基づくのに、性善説で対峙したところにある。だが、孫子は戦争学である。それにいわゆる性善説で対峙しても、全く意味をなさない。闘戦経という命名にもあるように、その基調は徹底して戦闘的であり、戦争は自然の摂理であるとして甘い認識をしてはいない。非情な認識では孫子に全く引けをとらない。にも拘わらず、性善説という表現を用いたのはなぜか。

それは、極めて戦闘的でありながら、その人の行為に救いがあるからだ。命のやりとりを承知しての非情性があっても、孫子とは質的に違う。それは、戦闘という行為は人間の性《さが》であり、その行為そのものが天理と無縁ではなく、即している、と観ているからである。天の理とは別の言い方をすると、戦闘の生じるのは自然の摂理そのもので、生命の発揚だ、という認識にある。その非情性に悲観していない。そうした意味での性善説なのである。

しかし、孫子の基本の有り様には明確な拒否をしているものの、諸説の意味するものへの評価から、闘戦経との併読を勧めているのだ。それは、孫子の基本である戦争観を拒む一方で、孫子の到達した方略の原理には学ぶところあり、という見地なのである。この二重思考にこそ、闘戦経の懐の深さを見ることができないか。孫子の到達した境地とその実際の現れに対し、老子は同調するのを拒んでいる。戦争を起こす人の行為に対し、一歩距離を置いている。その所作は、戦いという人の行為を愚かな振る舞いと見ているから。しかし、闘戦経は、戦闘という行為に正面から取り組み、当然の行為だと見做している。

終わりに　闘戦経の摂理の読み方

平安時代に出来たらしい摂理を千年後の今日に読むとは、どのような意味があるのか。どのような現代性があるのか。それは、現代の日本人が、何を守るのかという自覚において、心理上では極めて貧しい状態にあるからだ。(三)で触れた忠誠を問題意識とした場合、せいぜい自分の家庭を守る、そのための生活なり就業を守る、ぐらいしか思い浮かべないのであろう。

しかし、隣国の中枢は、世界に覇権を確立するために国家日本を籠絡しひいては手段化しようとして必死である。それは、日本及び日本人を影響下または支配下に置けば、意図するところである世界制覇は成功する現実性が極めて高くなるからである。大中華民族主義という漢民族至上主義を盲信してのウイグルへの暴虐ぶり一つを見ても、目的達成のために何でもあり、を自明とし展開している。

ここで、１９４５年の敗戦以来、日本人が捨ててきた個人や家庭・家族を越えた、守るべきものとは何かが、真剣に問われる状況に入っている。それは、何をもって忠誠対象にするか、と表裏の関係にあるからだ。その問題が全くといっていいほど胸裡に浮かばないから、そして浮かばないように分断されていることへの違和感もないほど鈍化させられてしまっている状態は、極めて危うい。

その危うさを自覚するには、闘戦経の示す問題意識を平安、そして幕府による武家政治が特徴の中世や徳川時代、さらに近代、とくに第二次大戦での史実に即して、読み直す努力が求められている。この三四半世紀、日本人は自国史でも盲目状態にあったからだ。（R3・08・24）

超限戦の戦場と化した尖閣海域（前説五）

はじめに：尖閣海域の現在

8月20日現在、領海内ではない尖閣周辺海域に中国海警局の船舶4隻が航行しているのを、海上保安庁の巡視船が確認した。12日連続という。巡視船は領海に近づかないように警告したという。スキを見てか時に領海を侵犯するのは、すでに習い性になっている。日本の漁船が領海内で操業中に、武装した海警局に追いかけられる事態もかなり起きている。中国の領海内を日本漁船が了解なく操業している、という名分作りである。

こうした事態は、超限戦の発想からすれば、すでにこの海域は戦場になっている、いや、戦場にしていることを意味している。日本政府はその現実を見ないふり。現状の事実の解釈に着手すると、現在の海上保安庁にまかせている状態を止めて、次の高度の段階に入らねばならなくなる。それがいやなのだ。そうした対中配慮というか、「見ざる」（見猿）の有り様しか継続できない日本政府の程度を、北京の中枢（中南海）の対日関係者は見抜いている、と観てもいい。いや、日本政府当局に居る「内間」（同調者。前掲（一）の（2）を参照）から情報を得て、十分に知っての行為と見做していい。その浸透ぶりは相当のもの、とは脆弱な、しかしそれでもいるらしい日本の情報関係者は見立てているらしいが。実態は、いわば、パンツを脱いでいる状態にある。

（1）中共・海警局巡視船と海上保安庁巡視船の違い

２０２０年、中国当局は海警局の立場に法制上の改変を行い、行政機関から準軍事機関にした。ということは、その行動は軍事に準じることになっている。上部は軍という統帥機関であり、政府とは異なり中共党の軍事委員会の指揮下になった。

日本の場合、憲法上の制約から軍は存在しない。海上保安庁は国土交通省の下部機関である。巡視船は機関砲を具有しているが、交戦権などハナからない。自衛隊とて同様である。海警船が武力行使してきたら、ホースから放水して対処するのであろうか。相手が武力行使をしてきたら、巡視船から東京に機関砲の応射をしていいのかと、指示を仰いだとする。

多分、右往左往してなすところを知らないだろう。誰も応射許可の責任を負いたくないから。マニュアルもあるのかどうか。この落差の重みの持つ恐ろしさを、与野党の議員も放置しているお粗末さが現実なのである。この奇形国家の実情に国会の与野党は深刻に対処せずに今日に至っている。現状の放置とは、国政の関係者に日本の領土・領海を守るという自覚が薄いことを示している。直接に割を食っているのは日本領土内に棲む石垣島の漁民である。

（2）尖閣諸島の領有権を巡る日中双方の対立の原因

国連ＥＣＡＦＥが日本政府に協力して同海域の海底資源調査を行い、その結果が報告されたのは

1968年。周辺海域には1000億余バーレルの原油が埋蔵されているとした。産油国のイラクやクウェートに匹敵する。これを知るや、中国は突如として領有権を主張し始めた。1994年の日本政府の調査公表では、32・6億バーレル。ECAFE 試算の30分の1。これは調査技術の進歩による。

1972年、米中国交交渉の際、ニクソン米大統領は補佐官のキッシンジャーと謀議して、尖閣の施政権は日本に返還したものの、領有権は関せず、とした。当事国同士の問題と中国に媚びを売ったのである。当時の佐藤首相が、ニクソンの要望した日本の廉価な繊維品が米国に向け輸出されて、米国の生産者が困惑しているので善処してほしいとの依頼に、諾としたものの約束の遅延に不履行と判断して、しっぺ返しをした、という説もあった。

ニクソンならあり得る話だが、当事者間に丸投げして両者の不協和の種を残すのは、一種の高等政治である。高等政治というとソフトに聞こえるが、性悪説に基づくと問題を残すやり口である。北方領土問題でも、米国が日ソ間に不協和の種を残した、という説から見ると、ニクソンのやり口はわかりやすい。因みに、対日講和条約調印の後に米議会上院は、日ソ間の領土問題の発生は、ルーズベルトが個人的にスターリンにサービスしたから無効、との決議をしている。日本から見ると、米国の領土問題に関する対日政策のわかりにくいところである。

米国より、中国が領土問題で日本へ介入できるようにしたのは明快であるものの、日本政府は腰が抜けたままで、米国に施政権と領土権を分離したのに抗議した、との話はいまだに聞かない。

(3) 尖閣の問題を果断に処理し得ない現行の戦後保守

上掲の事態は、現行憲法の破棄を1952年4月の対日講和条約発効の日に宣言しなかったところから始まる。対日講和の全権代表であった自由党の吉田茂の致命的なミスであった。彼の無為から始まる戦後保守の、日本の領土・領海を守る常識の欠如を幾度も指摘せざるを得ない。

吉田茂の軌跡を現実政治に基づく保守主義者の功績として、『宰相吉田茂』（１９６４）で称揚した高坂正堯や、経済優先の軽武装国家を吉田ドクトリンとまで名付けて権威化した永井陽之助らの罪は大きい。永井が論壇に登場した『平和の代償』（１９６７）には、当時の現実を見据えた国際政治認識に新鮮さがあったので、帯に三島由紀夫が絶賛の紹介をした。そこには後に永井が吉田を最大限に評価する硬直さの態度は無かったからだ。

現行の戦後保守が政権を継続する限り、ということは現行憲法が続くわけだが、尖閣を巡る帰属問題は解決し得ないだろう。民主党政権の三代目の野田首相が尖閣を国有地にしたものの、自民党の安倍晋三に政権を明け渡したことで、解決の目処は一層不鮮明になった。いわんや、先に退陣した後継の菅《すが》首相は、台湾問題ではバイデンとの間で一歩踏み込んだものの、すでに日中間で局地的な戦場と化している尖閣問題では、従来の有り様を継続しているだけである。どこまで、相手のやり口を認識しているのやら。岸田首相は、10月8日の所信表明後に習近平に電話会談で触れたというのだが（後掲（二部（三）（15）を参照）。

これでは、相手の思うツボにハマっているとしか見えない。長期的な視野に基づく超限戦の仕掛けを展開する中共党にどう対処するか。相手へのグズグズした従来の対応では、国際社会に中国の言い分が妥当ではないか、と思わせてしまう。そこを狙っての中共党による尖閣取り込みなのである。

日本人はその真意を見極める感性と智恵を強化しなくてはならない。闘戦経の示した孫子の戦争学への一定の評価をしつつも、根本のところで懐疑し批判しているのは、今後の日本の行く末にとっても重要な示唆に富んでいる。

（R3・08・29。追記10・12）

いま、何故、『闘戦経』なのか（連作）

（一）王毅外相・訪日中の言動が露わにした菅政権の危うさ

はじめに：訪日時期は時宜に叶っていたかの評価の仕方

11月25日は、半世紀前に楯の会隊長・三島由紀夫と学生長の森田必勝が市ヶ谷台・旧参謀本部の2階で切腹した日付である。因みに、本館の講堂は、日本の降伏とともに、後に敗者日本を裁く極東国際軍事裁判の法廷にもなっている。三島は、勝者である連合国の判事・検事により日本帝国の「戦争犯罪」を裁く審理と判決そのものに、拒否感を抱いていた模様だ。

被告日本を一方的に悪とし、その認識の上に成立した現行憲法とその体制をうさん臭いものと否定していた。誰か自衛隊を私生児扱いして足れりとする現状に体当たりする者はいないのか、決起しないのか、ならば自分は体当たりをして、現行憲法の欺瞞性を明らかにする、というのが檄文の論旨であった。

こうした半世紀前の提起は、隣国の急速な軍事大国化により、明白に日本の安全保障が脅かされている現在、急速に現実性を帯びてきている。この時期に訪日して、中共のチャイナ・ファーストを展開した王毅への日本の菅《すが》政権の首相・茂木外相の応接の仕方は、戦後保守の限界を示した。王毅の言動からは、現在の日本の政権与党の対応では日本を守り得ないのを予感する。それに政権も気づいていないし、国民側も自覚するまで至っていない。

(1) 王毅の言動への日共党・志位委員長の批判

王毅の言いたい放題に微笑をもって応対した菅首相や茂木外相の在り様に、日本共産党の志位委員長が記者会見で猛然と非難している。こうした日共の対応は半世紀前には有り得なかった現実である。記者会見の内容は産経新聞がネットで紹介している(令和2年11月26日19:59)。この内容と同日の産経紙の社説に相当する主張『「甘言」に乗っては危うい』の論旨を比較すると、その共通する見方に現在の国政の持つ混迷の特徴が提示されていることがわかる。

産経は、志位が王毅の発言を批判したのを下記のように報道している。

〈志位氏はこの発言をめぐり「尖閣諸島周辺の緊張と事態の複雑化の最大の原因は、日本が実効支配している領土に対し、力ずくで現状変更をしようとしている中国側にある。中国側の覇権主義的な行動が一番の問題だ」と指摘。「日本側に責任を転嫁する、驚くべき傲慢不遜な暴言だ。絶対許してはならない暴言だ」と強調した〉

志位の記者会見での政権批判の言動に、自民党は応える義務があるが、応えないであろう。いや応えるすべを知らないで済ませてきた。米国の軍事力が強大であったから。だが、現在、戦後保守の統治能力の危うさは、王毅への応接に出ていないか。日共党の判断基準は主権国家内での政党としては当然のものだが、今の自民党政権にはまともな反応をし得ないのだ。菅や茂木が王毅に領海侵犯している客観的な事実に厳重抗議もしないで、ニヤニヤの愛想笑いで済ますような在り様は、独立国家の尊厳や誇りの無さあるいは国事意識の希薄さに由来していることを、三島は半世紀前に指摘し憂慮していたのだ。

(2) 予言者・三島の自決直前の言動

三島は、自決の数か月前に、『夕刊フジ』に寄稿した。

〈このまま行ったら日本はなくなって、その代わりに、無機的な、からっぽな、ニュートラルな、中間色の、富裕な、抜け目がない、或る経済大国が極東の一角に残るのであろう〉と予言性を帯びた警告をしていた。

志位は、王毅への茂木外相の態度を痛烈に批判したが、上掲の三島の文脈と無縁と言えるか。外相がこの程度で通用するならば、「富裕な、(中略)或る経済大国が極東の一角に残るのであろう」か。それほど事態は甘くはないのは、GDPで世界第2位は中国になり、日本は第3位。しかも、中国は明白に米国を意識し対抗できる軍事大国の道を歩んでいる。米中間で双方にいい顔を見せようとするところから、以下の醜態が起きるのを志位は鋭くしかも我慢できないかのように主張する。これからも起こるのを予感して、だ。

〈そしてここで重大なのは、茂木氏が共同記者発表の場にいたわけでしょ? それを聞いていながら、王氏のこうした発言に何らの反論もしなければ、批判もしない、そういう対応をした。そうなると、中国側の不当で一方的な主張だけが残る事態になる。これはだらしがない態度だ。極めてだらしがない〉

これは自民党内の多分まだいるだろうタカ派の言い分と少しも変わらない。三島・森田らの決起半世紀後の現在日本の精神状況の一つの断面である。

(3) 王毅の発言は本来では宣戦布告と同じなのだ

中国「公船」という表現を用いてはいるものの武装した巡視船が、日本の領海内で白昼堂々と日本の漁船を追尾したりしている。それを「偽装漁船が繰り返し敏感な海域に入っている」と。盗人の言い分、よく言うよ、である。

多分、ここで形容された偽装漁船とは桜チャンネルの雇った漁船の同海域への航行であろうか。日本の領海で日本人が漁船をチャーターして動いて何が悪い。敏感にしているのは、自国領とうそぶいて侵犯する中国の公船ではないか。

こうした転倒した言い分を平気でするのがシナ人の発想法である。嘘も大きく言えば真実と思う者が出てくると指摘したのは、ヒトラーの『マイン・カンプ』の一節であった。ヒトラーの創作ではなく孫子にもある。すると、政府の弱腰へのやむにやまれぬ自国領を確保する自衛手段は、日中友好に不利益になる、日本政府が取り締まらないのなら中国政府が取り締まる、という言い草で実際に展開しかねないのを視野に入れておいた方がいい。超限戦の基調である「非軍事の戦争行動」の文脈にある脅しである。

政権与党にいる北京と呼応して気脈を通じる親中派の策謀にも留意すべきだろう。首相菅がどこまで自前で立てるのか。いや、立つことを知っているのか。

(R2・11・27)

（二）中共の戦狼外交に日本は尖閣諸島と海域を守れるか

問題の提起　威を失ったために不明・不敏な現在の日本国家

11月25日、訪日中の中国の外相・王毅は尖閣問題について踏み込んだ発言をした。しかし、その踏み込みは日本側から一見すると理解に苦しむ表現があった。日本は偽装漁船を「敏感な海域」に就航させている、というのである。中国が南シナ海での島嶼占拠で偽装漁船の派遣を常用しているので、その観点から日本もしている、と勝手に思い込んでの発言か。

あれだけ鋭敏な頭脳の持ち主が現状認識でそうしたミスを犯すとは思えない。日本側に向けてのものではなく、日本外の世界に尖閣（魚釣島）は中国固有の領土だと強調するための貴重な一つの布石だった、と思われる。シナ人の得意とする韜晦《とうかい》に満ちた高等政略の文脈に入る発言である。

日本側の茂木外相は、ここで王毅の発言を受け流す失態を演じた。結果的にその発言を容認したと受け取られかねない。茂木の応対には一国の外政を担う意識に基本的な欠落がある。ぼんやりして見過ごした、では済まない。領土をめぐり係争地になっている深刻な争点なのである。その場での個々の発言は武闘と同じだ。用いる言葉は、斬れば血が迸る。王毅が「偽装漁船」を用いて世界に向けて印象操作をしたのは、さすがと評価せざるをえない。

茂木の応対に見られるのは、一国の存在が国際社会で存在する際に求められる「威」＊の失われた状況での不作為の失態である。75年前の敗戦と7年弱の占領下での日本改造の結果が、外相・茂木の言動や動作に露出している。彼には、威の裏付けが不可欠なのがわかっていない。戦狼外交の先頭に立つ王毅にとっては、茂木のノーテンキな振舞いは赤子の手を捩じるようなものだった！

日本は従来のような「外交」だけに限定して対応し続ければ敗れる。すでに今回の王毅の上から目線の臆面もない言動に出ている。敗北を喫しないために、どう対応すればいいのか。王毅らの動きの背景にある発想に留意し、敗れない日本独自の対応が何によれば可能かを考えてみよう。

＊日本の今の状況での「威」とは何か、何が日本国で欠落しているかは、半世紀前に楯の会隊長・三島由紀夫により提起された「檄」を参照ありたい。

(1) 戦狼外交の背景にある超限戦、そして古典である孫子

今回の二人のやり取りから浮上する問題がある。超大国米国の覇権に対決することを厭わぬ現在の中共中国と、旧来の米国による覇権構図の下に安住しつつ新興の対抗パワーとも上手に接しようとする、日本外交？　にある危うさである。ここには一時しのぎはあり得るであろうが、長続きはしない。

戦狼外交は、「中国固有の領土である尖閣」の実効支配に向けて、硬軟合わせて執拗な展開を継続するであろう。最近の表現で言うなら、なんでもありの「超限戦」（１９９９年）の全面展開である。その源泉は孫子にあるのは公然の秘密である。

超限戦については邦訳書や数種の解説書が既刊なのでそちらを参照ありたい。

書の言い分では、湾岸戦争での軍事力で米国に圧倒された党軍の佐官クラスの空軍政治将校が、軍事面では敵わないので、非軍事面に力点を置いた対抗理論を編み出したのであった。論旨は、この流儀でやれば強国に対峙しても勝てる、というものだ。中共党でいうなら彼らの古典になる日本軍国主義に対抗しての毛沢東の持久戦論の結論と同じである。新しい戦争学と看做されているが、シナの古典である

孫子の20〜21世紀版とみなせばいい。

対抗を意識し「超限戦」に臨むには、日本文明流儀の視座が求められている。

（2）戦法にはその文明の精華が集中的に表れる

戦争学には、その文明の精華が集中的に表れるものだ。そこを意識するところに、「敵を知り己を知りて戦う者、百戦危うからず」（孫子）への回路を見出すことができる。古代からシナ人にはシナ風の戦いの仕方なり考え方があり、日本人には日本人固有のものがある。それが長所でもあり弱点にもなる。

超限戦法を意識した際の中共党の政治将校は、米軍との間の隔絶した戦力の落差を自覚させられて、いかに凌駕するかを考究した。劣勢をどうすれば超えることができるのか、そこから非軍事の戦争に留意した「超限戦」に思い至ったのである。

孫子の兵法は、ナポレオン戦争に触発されて戦後の1816年から1830年にかけて近代戦論のモデルを作り上げた、クラウゼヴィッツにもかなりの影響していた。彼の定言である「戦争は他の手段をもってする政治の延長」は、孫子からその着想を得たとも言われている。ユーラシア大陸の東方に生まれた孫子による定言は西方に及び、現代にまで普遍性を帯びて継承されている。シナ古典は、世界の古典になった。では日本には孫子の兵法を凌駕する用意はあるのか。

（3）日本には「闘戦経」という戦争学がある

中世日本での南北朝の時代に不世出な稀代の軍略家としてあまりに著名な楠木正成がいる。かれが学んだ兵法には「闘戦経」があると言われている。楠木は講義の場に連なっていたという（数少ない現存の「闘戦経」研究者・家村和幸の言。家村には、『闘戦経　武士道精神の原点を読み解く』の労作がある。並木書房。２０１１）。

原本は平安時代の大江維時ないし大江匡房（１０４１〜１１１１）の作との伝承であるが、真偽のほどは不明である。もし匡房の作としたら、刀伊の入寇（１０１９）後となるが。

兵法として孫子と併用して学ぶことが求められていたという。しかし、記述内容を見る限りでは、孫子は日本人にはそぐわないと昂然と日本文明に立脚しての見地を強調している。同八章の冒頭は、実に要を得た「漢文詭譎あり」。この批判的な精神はこの著の基調である。

闘戦経の教えを妥当に学ばず修得しなかったために、日本帝国は敗戦の憂き目にあったと、この書の釈義を展開したのは笹森順造である（１９７６没。享年89）。クリスチャンで青山学院の院長にもなり、占領下の日本で衆参両議員に選出され、国務大臣を歴任した。剣道家としても著名であった。まだ「日本の古本屋」に紹介されるので入手できる『純日本の聖典　闘戦経』（日本出版放送企画）。日本文明の到達した幽明を一体して抱く境地からは、孫子とは異質であり、優っているのがわかる。

（４）闘戦経・日本兵学の古典を瞥見《べっけん》する

日本に孫子が入ってきた歴史での証言は以下。

公文書に孫子が記載されているのは、『続日本紀巻二十三』。天平寶字４（西暦７６０）年11月10日に、奈良から六名が太宰府に派遣され、吉備真備《きびのまきび》から「諸葛亮が八陳、孫子が九地及び結営向背を習わしむ」とある（今泉忠義訳『訓読　続日本紀』５６２頁。「八陳」とは陣立て。九地は、敵との遭遇における地形上の想定を九つに分けて記述している（孫子「十一」）。結営とは軍営）。

唐で755年に起きた西域（内陸アジア）出身のソグド人の血の入った節度使・安禄山の乱が徐々に拡大していた。大帝国が一世紀と四半世紀を経て、玄宗の楊貴妃への溺愛をキッカケにしてか弛緩しはじめ、一時の動乱を招いたのである。奈良にあった中央政府は、動乱が唐という中央の対日前線国家・新羅のある朝鮮半島から日本列島にも波及するのを懼れて、758年に太宰府に対策を命じている。相手になるシナ伝来の兵法を自家にしようとしたのか。学習以後の記録は遺っていない。

闘戦経は兵法として孫子と併用して学ぶことが求められていたという。余りこの著作が世上に流れなかったのは、内容が難解で継承が秘伝扱いになっていたからであろうか。

(5) 孫子を学習するに際しての姿勢

記述内容を見る限りでは、孫子はその根本で日本人にはそぐわないとの違和感が記されている。孫子の世界認識の受容には是々非々の見地に立ち、むしろ拒んでいる。日本文明に立脚しての見地から、異質さを強調しているのだ。八章冒頭節には「漢文詭譎あり」と記し、距離を置く姿勢を明確に示唆しているからである。孫子では自明のように称揚される、騙しのノウハウへの沈溺には我々は与さない、という意志の表明なのである。

そこに留意して、前掲の家村は、日本人の戦い方の本質は『闘戦経』にあるとした。それを貫く基本理念は「誠」と「真鋭《しんえい》」である、と。ただし、闘戦経そのものには「誠」という文字は用いられていないので、家村の解釈であろう。笹森順造の釈義では第八章の【大意】において誠が出てはくるが。

家村の理解と言うか得心の反意の修辞になるとも解釈できる「鼓頭に仁義なく（鼓頭無仁義）」（第三十九章）の一節がある。笹森は、戦いが始まり「雌雄を決せんとするに当たって、なお相手に仁義を期待し、また宋襄の仁（敵の困っているところにつけこむのを遠慮すること）を施さんとするような態度は敗北を喫するにきまっている」（笹森著126頁）と手厳しい。姿勢や在り方と実際の運用は次元が違う、という言い方もできるか。

戦いの目的は負けない、あるいは勝つことにある限り、その目的を達成するには何を最優先するかは言うまでもないからである。敵に塩を送る行為を称揚する向きもあるが、或る一定の限定された範囲内のもので、決定的な瞬間に塩を送れば敗者になるのは当たり前のことであろう。

だから、トランプは2019年2月に2度目になる金正恩とのシンガポールに次ぐハノイでの会談では、決裂が成果であった。遠路、列車で来て虚偽を言う相手に、一片の塩も与えなかったのである。沈黙してさっさと帰国する姿は実に堂々としたもので、一国の命運を担う風格を感じさせた。王毅と会談した職責と感受性の鈍麻《どんま》した茂木外相の応接と比べるのは、トランプに失礼になるだろう。

（6）闘戦経の中核概念である「真鋭」

「漢文詭譎あり」に続く修辞は、「倭教真鋭を説く」である。ここでいう倭教は、平たく言えば、「日本人の教えでは真鋭を説く」、になる。「真鋭」という表現は漢語での意味は「尖っている、先鋭」などだが、闘戦経での文意は、漢語ないし中国語にはない独特の意味、形而上的な意味が与えられている。漢字を用いてはいるものの、和語になっているから。闘戦経風にいうならば、倭語でもいいか。だから、倭教という聞きなれない表現が用意されたのであろう。日本人の古来からの在り方をも示唆している。日本学を志向した営為の表現が、倭教という造語をもたらした意志を軽視しない方がいい。

しかも「真鋭」は、詭譎に対置するコンセプトである。孫子のあまりに有名な章句に「兵は詭道なり」

がある。その詭道は、要するに詭譎なのだと闘戦経は断定したのである。高らかに受容を拒むのが倭教なのだと主張したこの気概を見よ。

白村江の敗戦（663年）により日本国家の基本的な枠組みの創成に多大な影響を与えた唐帝国の動揺に危機感を募らせた朝廷は、前述のように外部世界との前線基地であった太宰府に「孫子」による日本防衛を検討させはしたが。

以後の経緯に基づいて、日本知識人はシナ文明の先鋭的な成果、現代に迄継承されてある孫子に対峙して、闘戦経に昇華する戦争観を思索し、死生観も磨きに磨いた。真鋭という表現に到達し得たのである。漢字を用いても、この和語の表現に込められた当時の日本人の思惟の深化を軽んじない方がいい。ここには、東アジア世界における普遍語であった漢語を触媒にした思索上の試行錯誤の積み重ねの背景あって、以後の日本文明の誇るべき成果がある。

（R2・12・04）

（三）「兵は詭道なり」の定理は「懼の字を免れざるなり」

⑴ 鄧小平の「韜光養晦《とうこうようかい》」に観る「百年マラソン」の態度

トランプの時代に入り米国の中国に対する態度は180度の転換をした。オバマ時代の融和的な対応は全く消えた。とくに、それが米国の対中政策で明らかになったのは、2015年に行政府に所属する中国研究者ピルズベリーの警世書『China2049／百年マラソン』（訳書・日経BP社）の刊行であった。この著作の基調は、米国は国交関係ができた1972年以降、中国にいいように騙されてきた、と記述した内容なのである。しかも、この著作の内容は、米行政府、軍の査読を得ている、と扉に明記してある。行政府とはＣＩＡ、ＦＢＩなど。今のＦＢＩは国内での中共情報員の摘発に躍起の機関だ。

米国の親中派の巨頭であるキッシンジャー博士にも草稿は目を通してもらっている、と「敢えて」あとがきに記している。この著作の基調とはとうてい共有しているとは思えない博士の大著“On China”は２０１１年に刊行されている。どう見ても、両著の結論は背反の関係にある。キ博士の「協力」の内実は、キ博士に踏み絵を踏むことを迫ったとしか見えない。

さて、巷間伝わる「韜光養晦」とは、本音を韜晦《とうかい》して隠し、本来の目的を達成せよ！　である。ピルズベリーの著作は彼個人の判断ではなく、米政府のうち、とくに安全保障に関わる機関に生じた対中危機感を実証的に示した。キ博士は米政府内に台頭した対中警戒心に反発したら、その結果を風見鶏として察知したのであろう。バイデンの登場で次はどう変わるのか見物である。因みに、傍証ではキ博士は日本嫌い、その半面でシナ贔屓である。米国企業の対中ビジネスでのブローカーとして、一億ドル以上の富を蓄積したのは公開情報である。

百年マラソンの意味は、中共建国１９４９年、百年かけて２０４９年には世界の超大国の強国として米国に勝利を収める国家目標を示唆している。その達成のために隠忍自重して目標の達成に努めよと、鄧小平は中共党の党員に対し求めた。一見すると仕組みを資本主義化に取り組んで米日に秋波を見せて（社会主義市場経済）、大躍進と文革で壊滅状態になった状態から人民が食えるようにすることを目指した。この鄧小平の目標には党内の根深い毛派など根本主義者による反対派があっても、現実はその通りになった。ＧＤＰ世界第2位の経済大国だ。

尤も２０１５年後から上掲のように米国に気づかれたので、「韜晦」は通じなくなった。今でも通じているのは、「社会主義」には目を瞑り専ら「資本主義市場」に軸足を置いて進出している国際金融筋（最近は逃げ足とも言われるがでもなさそうである）と日本の経営者ぐらいだろう。「韜晦」は中共党執行部の長期目標を隠す方便であった。

こうした臆面もない公然とした方便の正当化を生み出す根拠を、平安末期から鎌倉時代にかけて勃興した武士階層は、「漢文詭譎あり」との判断に共鳴したのであろう。孫子では、兵法とは「兵は詭道なり」と堂々と揚言している。

（2）武士の美意識なり生き方なりに合わなかったシナ伝来

闘戦経は、「漢文詭譎あり」に続けて、さらに自他の違いを厳しく強調する。それが、本題名に記した裏打ちの「『懼の字を免れざるなり』」である。この本文は、「孫子十三篇、懼の字を免れざるなり」（闘戦経第十三章）とある。孫子全文の基調は懼《おそれ》の字に覆われている、と明言している。

ここでの問題は、「懼」をどう読むかであろう。詭道の生じる所以は自分を取り巻く環境なり状況なりを懼る観点から省察するので生まれてくる。事態は平和であれば兵法は必要としない。詭譎の領域を兵法として拓く必要もない。ここで敢えて「懼」の文字を用いた真意をどう読んだらいいのか、である。「免れざる」という否定を用いた言い回しにしたところに、余儀なくされたり苦渋を伴ったりの選択があるやにも受け止められる。

作者に代表される当時の日本知識人は、「懼」に基づいた兵法の基調を詭道なり、とする在り方を拒んだのである。この拒んだ判断基準こそに日本人の伝来の生活に息づく価値観が作用している。率直にありていに言えば、詭道に収斂される兵法を生理的に直覚し嫌悪したのだ。闘戦経・第一章の冒頭には、

「我が武は天地の初めにあり」と記している。

このような心的な動きが先行するからこそ、「真鋭」（闘戦経第八章）という表現への力点を置く姿勢も生じてくる。唐突な言い方だが、神前に向かう前に、口を濯ぎ手を洗うのを自明とする生き方は、生水が飲めず煮沸を必要とするシナ社会の生態学的な条件とは根本的に違う。詭譎で何が悪いのかと、堂々とその上に胡坐をかく習性を厭う心理が働いたのは、そうした生き方に生理的な嫌悪感が先に走ったとみなしていいのだろう。

（3）闘戦経の戦争観と孫子の見解の決定的な違い

闘戦経は戦闘や戦争は自然の摂理の一つと捉えた。しかし、孫子は戦争は人事の世界の範囲の出来事と考えた。後者は事態を管理できる現象としている。だから、取り組みは詭道の世界になる。そこに際限はなくなる、ならば、勝つための方策は詭譎になってもおかしくはない。むしろ、当然の事柄なのである。狡知には限界がない。勿論、現象に対峙して根底で諦観も慎みも生じない。

戦闘や戦争を摂理として受け止めると、どのように思いめぐらせても、人事では到底カバーできない領域が出てくる。こうした認識上の違いの生じる由来は、幽明一体の世界観に繋がっているので文明上の違いと称するしかない。この違いは相互理解で埋められるものでもない。ラディカルな違いなのである。1945年の日本の敗戦まで、シナ大陸で展開していたいわゆる「日中戦争」は、日本の一方的な侵略のようにいまだに言われているが、「敵を知らざる」無知の統帥部による相手の巧妙な詭道の世界に嵌まり込んだ結果であった。

（R2・12・12）

（四）近現代と古代を鳥瞰して考える

問題の提起：シナ世界との関係の在り様が日本の死命を制する

日本は対米戦争に敗れて今から75年前に占領下に置かれた、と大方は思っている。米国自身もそう思っている。これは、一面の事実であって真実ではない、と言われたら大部分の日本人は何を言おうとしているのか、と戸惑うであろう。だが、尖閣を巡る中共党の対日政策を俯瞰的に観ると、この視点は決して荒唐無稽ではなくなる。ここに当該問題の厄介な所以がある。

近代日本の国際関係史の発端は朝鮮問題であった。この一点で近代日本のそれは、隋の衰亡に代わり唐帝国の建国、そして朝鮮半島への影響に伴う古代日本の最大の外交活動であった遣唐使の経緯からして、その構図は少しも変わっていない。古代も近代も日本は同質の重圧の下に外交活動している。

眠れる獅子と思った大清が意外に脆かったことにより、なんと日本は日清戦争で勝利（1895年）してしまった。この奇貨が転じて奇禍になったのが昭和の戦争であった。日本軍は強いとの信仰になり、相手は弱いと思い込んだ。孫子・謀攻篇にいう「用兵の法は、国を全うするを上となし、国を破るはこれに次ぐ」。相手を破り、相手を全うしたつもりだったのが、気づいたら自分が破られてしまった。局面の勝利は敗北の条件作りでしかなかった。それは、結果が証明している。

だから、習近平が対日戦勝利70周年で勝ったと、日本の対中援助の成果にもなる大陸間弾道弾など兵器群を誇示して演説したのは、必ずしも間違っていない。

毛沢東健在の頃、毛の要望に応えて、旧日本軍の将官・遠藤三郎中将を団長とする将官訪中団は

1956年秋に訪中した。主権回復後、4年であった。毛は、「日本の軍閥が中国に進攻してきたことに感謝する。さもなかったらわれわれは今まだ、北京に到達していませんよ」は、正直な感懐を述べたのであった。習の断定と毛の所懐は少しも矛盾していない。

だから、一定の海洋武力を用意できたのを背景にして、王毅は魚釣島は中国領、日本は自国領と述べて、日本の政府の艦船や（偽装）漁船を海域に侵入させている、という転倒した論法を臆せず展開する。兵は詭道なりの口舌版だ。超限戦の外交版である。

（1）古代と現代のどこが違うか、同じなのだ

本来なら、あのような暴言をした翌日に首相・菅は実効支配の証明として尖閣島に海上保安庁の職員を上陸させるべきであったが、菅や外相・茂木には、その次元に進まねばならないという自覚すらあったのやら。この一点で彼らは日本の国事を担う政治家ではない。国籍は日本人だが、それだけ。

こうしたあいまいさに終始する戦後保守による政権党の在り様は、王毅や習近平にすでに見透かされている。文字通り、菅政権は踏み絵を踏まされているにも関わらず、それに気づいている気配はないのは、その後の放置の経緯に明白である。与党内での親中派の暗躍を思う。

古代日本の最大の敗戦は663年の朝鮮半島・白村江の敗戦である。公式史観では親交関係にあった百済からの新羅・唐連合軍の重圧に救援依頼があり、日本の人口が200〜250万と推定される時代に、逐次派兵だが総計すると5万弱の兵員が渡海した、そして壊滅的に敗北した、と日本書紀に記されている。

派遣軍総数は、現在の人口に換算すると百万人になる。異色の博覧強記である宮崎正弘による最新の

見方では、内実は、任那・日本府を護るための自衛行動であった、というのだが。

以後の古代史40年弱、天智・天武・持統天皇の３代は、この敗戦を契機にした唐軍の侵攻の可能性への対応を含めつつ、国家再建に尽力してなんとか切り抜け得た。この古代の未曾有の体験を闘戦経の著者は視野に入れていた、と観ても見当はずれではない。もし唐軍が遠征軍を派遣してきたら徹底抗戦の覚悟で準備していた。この姿勢は後に元寇の役の際に再起する。必死の構えで元軍の来寇に防戦に努めていた際に台風が襲来し、元の軍船団は消滅。神風への信仰になったものの、大東亜戦争での沖縄戦では神風は無縁だった。本土決戦の目論みでもそうはならなかった。

唐の圧力をなんとか切り抜け得た日本の当時の皇室３代の指導層の覚悟は、乏しい史実から推理していくと薄氷を踏む思いであったと推察される。現代と古代の違いは、現在の指導層に気づいている素振りが見えないところである。一人岸信夫防衛相が中国の国防相に「強い懸念を伝えた」（『産経新聞』12・15）との報道だが、懸念であって抗議ではない。相手の作った土俵に乗っている。

（２）詭道の土俵に登るのを拒む知力の衰弱が示唆するもの

最近の表現では「歴史戦」と称するらしいが、「南京大虐殺30万人説」の発端は、当時の政府・中国国民党による宣伝にあった。その虚報に買収されていた米国のイエロー新聞が乗った。戦闘では日本軍に到底勝てないので、前線を後方である主に米国を対象とした国際舞台での宣伝に集中したのである。

日本政府はこうした「詭道」を知るには、現代を観てもわかるようにあまりに幼稚であった前例は、ポツダムでの日露講和交渉（１９０５年）でも全権小村の振舞いに出ている。米媒体を一切用いなかった。ということは、交渉の推移を一切流さなかった。一方で米世論を優位に導いたのはロシア全権のウイッテである。仲介者の米大統領ルーズベルトは、ウイッテに誘導された国内の世論を意識せざるを得なくなった。結果、日本は外交戦で敗れている。小村は目前のロシア全権だけを視野に入れて、米国を主にした国際世論を意識していなかったのである。交渉はできても全局を鳥瞰する外政家ではない。小村の後進も同様である。

満洲事変後の国際連盟での脱退を見ればいい。松岡洋右全権は連盟からの脱退に反対であったものの、本国からの訓電は脱退であった。松岡はさぞ不本意であったろう。また、大東亜戦争の終戦交渉の際にも、国際世論を演出する媒体の活用は一切無かった。今と同様に、外交はあっても外政は不在なのだ。

闘戦経に記されている戦闘をどう受け止め行うかの、凄みを帯びるのを当然とする気合の衰弱の過程が、日清・日露戦役以後の昭和20年8月の終戦に至る近代史であった。米人宣教師の記録によると、満洲での日本軍の生態について日清と日露では10年しか経っていないが、すでに後者では弛緩現象が起きていた、という。こうした衰弱現象は武官文官を問わない。

維新を遂行した当時の当事者には、戦いに臨んでの必死の気合が活きていた。それが何故昭和20年には中枢において気息奄々という状況になり果てたかを、過去の出来事ではなく現在の問題と受け止めて追求することが求められている。ここで手を抜くと、屈辱の再演を晒す羽目になる。結果論から俯瞰すると、第一世代は後継世代の育成に失敗した、と総括せざるをえない。

（R2・12・15）

（五）孫子・超限戦で往く果ては人類の滅亡

孫子は勝利を収める方法は詭道と断定した。この世界に禁じ手はあるか。勝つ目標を達成するには、すべての方法は正当化される。従って、禁じ手はない。

１８９９年にハーグで戦争法規が採択、１９０７年に改訂、拡充された。日本も参加し批准した。一応の法体系はできたものの、第一次世界大戦や第二次世界大戦の現場において、その法が適用されたかどうかは、問題がある。例えば米国による日本に向けた非戦闘員を対象にした東京大空襲を含む焦土化の戦略爆撃や原爆投下を正当化できるか。どう拡大解釈しても正当化はできない。そのくせ、戦勝国はニュールンベルグ裁判や、東京裁判（極東国際軍事裁判）で、自分達の戦争犯罪は棚に上げて、専ら戦敗国を糾弾し断罪した。裁判に名を借りた復讐である。

この史実の示しているところは、明快にして単純な結論である。正義は勝者にのみある。敗者には一片の正義もない。闘戦経では、ここは戦闘論として、「鼓頭に仁義なく、刃先に定理なし」（第三十九章）と記している。現代訳をすると、開戦の仕方にルールなく、その始まりにモデルはない。だから孫子は、兵は詭道なり、と言ったのである。闘戦経は、初動に限定しているようにも読めるところに救いがあるか。この示唆の意味しているところは重い。

現代の核保有国が有している核兵器は地球上の文明を数十倍以上は破壊尽くせる量である、と言われている。ということは物的に人類は自滅できる条件を得ている、あるいは用意されている。「恐怖の均衡」という表現がある。果たして均衡を維持できる理性は、引き金を有している者たちに共有されていると看做していいのか。誰も断言できる者はいない。それは憶測でしかないから。

だから、2021年9月に発覚したというか、ニクソン政権の内情を暴露したボブ・ウッドワードの新著（“Peril”『差し迫った危機』）で、トランプ政権の末期に大統領が情緒不安定になり、対中国で核の爆弾の引き金を引きかねないと、統合参謀本部議長が中国の同格の中共党中央軍事委員会の統合参謀部参謀長に連絡して、攻撃するようなことになれば事前に連絡する、と述べたという。「恐怖の均衡」は現在性を持っていることが如実にわかる挿話である。

そこになんでもあり、を改めて是認するのが「超限戦」の強調である。ここには、協調の余地は寸毫も無い。なぜ、にべもない言い方を強弁できるのか。

（1）超限戦発想に至る先行の史実

1957年11月モスクワで開かれた社会主義陣営の各国首脳会議に参加した毛沢東の発言を吟味する必要がある。核戦争で人口の半分が死んでも中国は三億は残る、と会議で発言。出席者は鼻白んだようだ。搾取されている人民の国際連帯を自明とするコミュニスト間に、とくにユーラシアの西方にあるヨーロッパと東方にあるシナの間での文明的な断層を意識した始まりでもあった。この毛の発言に当時のソ連の指導者であったフルシチョフは、これは一緒に行けないと思い至ったという。中ソ対立の始まりであった。米国など異なる体制との共存を提起したフルシチョフにはとうてい毛を容認できなかった。毛の考え方に自分達と全く異質な虚無を感じとったのだろう。

毛のこの核戦争観には先行の戦略思想がある。人民戦争論である。全土を支配する政権を1949年10月に樹立するまでの紅軍にとって、戦争資源が人民しかなかった環境で、人民の海に依拠しない限り党の存続は有り得なかった。ここで言われた「人民の海」という表現を、多くは善意に解釈している。しかし、その意味には「手段化」という怖い意味も含まれている。

その慣性に基づく感性から、思わず半分死んでも半分残る、そこから再出発すればいい、と思ったのか。しかし、モスクワに集った東欧などソ連共産党に育成された共産党幹部にとっては、とうてい受け入れられない言い分であった。

ソ連や東欧の共産党にとっては、人民の手段化は一時的な必要悪、主観的にはいわば余儀ない過程であって、永遠の主題ではない。結果的には、なかば永遠化してはいたが。それは、彼らにとっては西側の帝国主義があるから。しかし、毛沢東の発言に全く異質なものを感じ取ったのである。

戦争なり戦闘を母体にして政権を確保した中共党にとって、戦争は奇禍ではなく奇貨であった、という言い方はおかしいか。毛沢東は公然と元中将・遠藤三郎らに向けて話した、政権を取れたのは「日本のおかげ」は、それである（前掲（四）を参照）。そこから、謀略を含めた戦闘なり戦争を作り出すことを厭わぬ習性を産んだ。だから、「非軍事の戦争行動」をいう超限戦の発想も産まれるべくして生まれてくる。

（2）人民を手段化し全て投入してよし、でいいのか

この発想はベトナム軍の参謀総長、後の総司令官ボーグエンザップに継承されて、対米戦に再生されたと言われてきた（同著。「人民の戦争　人民の軍隊」）。民族解放闘争というものの、どれだけの犠牲が人民に強いられたかの評価問題が残されている。ボーの対米戦のその果には、毛のいうように半分死んでもいい、という判断があったのか。北爆では後方で多くの人民が死んでいる。

(3) 戦闘のない状態での戦争

米国はニクソンの登場で、対ベトナム戦で欧米人の戦争観では理解しがたい不可解な深淵を少し覗いた程度で、休戦に踏み切った。十分な総括をしなかったために、ついで鄧小平の「韜光養晦」(前掲(三)を参照)にしてやられた。役者が違いすぎる。鄧のこの老獪な手腕は見事としか評しようがない。キッシンジャー博士は上手に望んで北京のエージェントになって口銭を稼いだ。

日本では角栄・大平が日中国交正常化で周恩来のタクトのままで踊って、台湾を捨てた。ここには短視眼はあっても長期的な展望はないのは、現在の日中関係にも出ている。一方的に毟られて踊らされている自覚はいまだにない後継が、親中派・二階の存在である。気づいた米側が二階を名指しで取り上げたのは当然である。二階は批判されても勲章を貰った程度にしか感じて居ない模様だ。この日米間の意識の落差はいずれ近未来に高いものにつくと思う。多少の軌道修正が、2021年4月のバイデン・菅による日米首脳会談と共同声明における「台湾海峡重視」の確認である。

対ソ牽制を最優先して1970年代から始まった米中接近の成れの果てが近年の米中対立である。半世紀をかけて中共党は現在の中国の世界での存在感を築いた。米国は日本より学んだようだ。中共のデモナイズ(悪魔的)な工作に日米は振り回されて相手の肥しになった。日本ではまだ常識になっていない「戦闘のない状態での戦争」での勝利者は、誰あろう中国である。超限戦の戦場は、既往の米中接近から遺憾なく中共党によって発揮されていた、と看做すべきだろう。

(4) 望ましくない想定/消耗戦の連鎖

詭道なり超限戦なりの思考の見事さは、敵と戦うための資源は相手から略取せよ、にある。相手から獲得できなくなったら、人民を投入せよ、である。

生き残るのは党、それが残れば、どのように劣悪な存立になっても長期持久で最後の勝利を確保できる。この種の消耗戦の経験をいわゆる西側である欧米諸国はしたことがない。踏み込んだ経験がない以上は、終始相手に振り回される羽目になる。どうしたら対抗できるのか、別の言い方をすれば、ルールが相手側との間にない状況での戦いに負けないで存立するには、何に拠ればいいのか。相手と同じ土俵でやるか。経験知が比べるべくもない。

（R2・12・19。一部加筆。R3・09・26）

（六）孫子・超限戦による戦狼外交にどう対抗するか

はじめに：老子と孫子

大半のシナ人の人生観は儒学は無縁で、むしろ老子の考えに共鳴するという。

老子・三十一章の冒頭は、「夫《そ》れ兵は不祥《ふしょう》の器、物或《ある》いはこれを悪《にく》む」と。最後は、「人を殺すこと衆《おお》ければ哀悲を以って之を泣き、戦い勝ちて喪礼を以って之に処る」とある。

引用は老子の戦争観の要旨である。空母、宇宙など重武装の強化に狂奔する中共党は、不祥の器になる。老子は、終始、兵の運用はあってはならないことであり、悪とする見地が貫かれている。つまり、戦争なり戦闘なりの現象に一定の距離を置いているのだ。距離を置くとは関わりを持たない風を堅持していること。

人の哀しい性《さが》で、集団で生活する人間には支配を巡って戦いは不可避である。その行為の不可避性を認識しつつ、それに関与はぜずに、哀悲と喪礼をもってすると、「超然」として戦いという現象にコミットしないようにした。

戦争に関わるのを見下す修辞である、と読める。しかし政治の延長としての戦争という現象と無縁であり続けることはできない。そこで関わりは、戦いの爾後に、死者への心情と礼儀の範囲に止めている。ここに老子の矜持がある。老子にとっては「之を泣き」に万感の思いを込めているのだ。

孫子が詭道を発揮できずに実際の戦闘による戦争を下策として評価しないのは、老子の所懐に共鳴しているから、とも読める。それが最も鮮明に出ているのが諜報の役割を重視した「用間篇」（十三章）である。尤も、戦闘を起こさないための方略に限度無し（超限）でもあり、は退廃を生み、別の問題を発生させる。やっていいこととやってはならないことの分別は、此処では無いから。勝敗を最優先するところでの襟度の有無である。

(1) 超然で済まないのは国家の命運に懸かるから

日本人には読むのが難しいシナ人の戦争観の多面的な複雑さは前掲の「用間篇」にも出ている。専門家でもない限り、日本人にとっては虚実入り混じった動きは理解を越えた現象である。だから近現代を通して振り回されてきた。

一例を挙げると、日本人は問題の解決がこじれると、小異を捨て大同に就く、というのに抵抗がない。シナ人は、小異を残し大同に就く、という。だから、日本人は、水に流す、と言える。「残す」とすれば、水に流せない。

この違いの示唆するものは、大きい。残った小異が致命的な意味を包含する場合があるのを見落とせないから。彼らの得意とする「奇」でもある。鄧小平の尖閣問題での発言に出ている。領有権問題は、賢明な次の世代に任そうと、訪日中に述べた。この発言を起点にすると、王毅は、国家中国にとっては賢明な次の世代の一人であった。茂木の振舞いが日本国にとって賢明な次の世代の一人であったか。

王毅は鄧小平の持した構想の忠実な後継者の一人である。茂木にはそのような先人はいたのやら。外務省が23日に公開した文書によると、89年の天安門事件への首相宇野宗佑らの言動には、批判する欧米諸国に一線を画した。天安門に民主化を求めて集った学生数千人が人民解放軍の銃弾に斃れたのである。戦車に轢き殺されたのもいた。弾圧対策を指導したのは鄧小平であった。

この行為の是認に宇野のように外交ですり寄ったのは、戦後保守の限界である。これでは、今回の茂木の不作為を責めることもできない。彼は正当な嫡子になるから。しかし、嫡子は彼だけではない。うじゃうじゃ居るのが現状である。

（2）王毅・戦狼外交に手もなく操られた茂木外相

この抄論の冒頭で扱った11月の王毅外相の訪日の際の、計算され洗練されつくしている発言に有る布石の打ち方に対し、茂木外相の鈍感さの情景に何を観ることができるか。本人が気づかないうちに、北京中枢の「用間」として使われている懐の深さにある。今回の戦狼外交には尖閣領有に向けた政策実現への的確な布石、芸の極致を見出せないか。これぞ形を変えた「戦争である外交」だ。日本側の応接は、初歩的な外交すら不明な錯誤である。

ここで王毅によって駆使された修辞とは、インテリジェンスそのものであり、日本だけでない米国をも視野に入れた戦略性に裏打ちされてもいる。ニクソンが評した、米国は日本に施政権は返すが、領有権にまでは関与しない、といった古証文を持ち出しているのだ。ここでの深さとは人間心理の業の深さを読み切り、そこに立脚して今相手がどこにあるかを観ている。「どこにあるか」とは、茂木の描いている首相への道筋である。

外相茂木は王毅に対峙して（いたのやら）、自分に不明だったのは、その振舞いに明白である。いや、次の総裁候補たらんとしている弱みを衝かれているのだ。義を失った「戦後保守」の嫡子が優《まさ》れる相手ではない。しかも、王毅は、自分の背後である北京の中枢での自分の立ち位置も考えている。自分の味方が最大の敵になる世界に身を置いているのだ。

（3）「闘戦経」は内政と外政をどう観ていたか

「内臣は黄金のために行わず、外臣は猶予のために功あらず」（第二十四章）という。かくあれ、という要請だ。公務員は私欲のために行うな、と指摘するのは当たり前の職務倫理である。外政に従事する者の注意事項は示唆するところが意味深である。この章句に用いられている「猶予」という表現をどう読んだらいいのか。対応は早くても効果はないし、遅ければ時宜を逸する。これは状況を客観的に観た場合の見方になる。だが、前段に「黄金」が動機に用いられていることによって、外政にも適用したらどうなるのか。

王毅の発言を放置した茂木の心境に無かったか。つまりそこにぼんやりではなく、意識して無為に見送ったのではないかという疑念も起きる。天安門事件の際の日本政府の対応にも「黄金」（経済）への思惑はなかったのか。このような腐臭を闘戦経の著者は最も嫌悪した。それは脚下照顧しない戦闘精神の発揮を忌避する振舞いだから。

(4) 日本人にとって「武は万物の初めに在り」

闘戦経は、第一章の冒頭で記した。「武は万物の初めに在り」と。武の働きとは万物の原初からあった働きであって、それなくして生命の活動はありえないと直覚していた。この直観を前提にして制御するところに人の英知は発揮されると考えたのである。だから戦いに距離を置いた老子を超え、孫子の知略を制御し得たのだ。

(R2・12・24)

(七) 日本が1945年9月2日に降伏した敗因

―統帥に問題あり、ひいては将帥育成に失敗した―

はじめに:日本人の生命観の輪郭を確認していた闘戦経

先回、末尾で闘戦経・第一章の冒頭節を紹介した。「武は万物の初めに在り」と。ここで、武を冒頭にもってきた著者の感性は、異様であろうか。異様と受け止めると、日本人の生命観が見えてこないことになる。次項で後述のように、異様視させているのには理由がある。

ここでいう武とは現代風にいうなら、多少水っぽくなるが、生命力の在り様の捉え方とでも考えると、日本学という領域に思索を踏み入れるキッカケになると思う。そうした発想は、古代からの日本人の生命観の確認であったのだ。いわば代々にわたり継承されてきた実感を言葉に代えるとそうなった。

あらゆる言挙げは第一声が大事である。聖書（ヨハネの福音書）の冒頭節は「はじめに言葉ありき」。この意味は「言葉」ではなく、「最も重要なのはキリスト（の言葉）」というのが、ギリシャ語文献に則した意味のようだ。出典が聖書である限り、後者の解釈が妥当である。ゲーテの『ファウスト』では、それを「はじめに行動ありき」にした。この代え方は原義からすると、相当な距離がある。古代の敬虔な崇高なものへの絶対的な帰依から、ファウストのそれは近代〝人間主義〟（ヒューマニズム）の臭気が芬々《ふんぷん》としている。

闘戦経の章句はヨハネの記述やファウストの改変と比較して深い。人間を含む自然の営みの本質を衝いているから。武という表現で言い表そうとした本意は、「産霊《むすひ》」と表裏一体になっていたと推定したのは笹森である。この奥義を不明にさせた戦後思潮の制約条件を吟味する必要がある。

(1) 日本人が日本学を不明にした戦後日本にあった制約条件

占領下に置かれた日本人は、戦争や戦闘に関わる従来の考え方の一切は、侵略戦争を展開するための糧であり、文明破壊の役割を果たしたと断罪され、破棄が強要された。それを民主化と称した。と同時に、それは勝者である米国を主力にした連合国側は正義を担い、敗者の考えは不義になった。不義の思想の払拭が占領下の社会や管理化にあった媒体でも、学校や職場で求められた。価値観の180度の転換が日常化された。その名分は降伏条件になったポツダム宣言に簡潔に記されている。

ニュールンベルグ裁判の論告の論理と同じである。6項にある「日本国民を欺いて世界征服に乗り出す過ちを犯させた勢力を永久に除去する」は、その端的な例証である。「武」は「世界征服に乗り出す」思想なり手段を意味することになった。そうした断罪がいかに勝者に都合のいい偏向した目論みであったかを自覚しない限り、日本人の思想的・精神的な混迷はこれからも続くであろう。自己喪失を奨励されて三四半世紀を経た、とも知らず。

(2) 文武を問わない君側に問題があった

そこに結論を急ぐ前に題名にある「敗因」を副題の提起から明らかにしていこう。戦争指導がしっかりしていれば、精神史から観てもかくも惨憺たる敗戦を迎えることはなかったから。文武を問わない輔弼《ほひつ》の臣に問題があった。明治維新以後の文明開化・欧化による近代国家建設の仕方に問題がなかったかを問う必要がある。ここでは戦争指導要員の分野に限定して考えてみよう。

孫子は将をどう把握していたのであろうか。

「将とは、智・信・仁・勇・厳なり」(計篇)。この5条件を具有しているのが将の資格という。当たり前すぎて論評以前である。

闘戦経は、将帥についてもっと辛辣で怖い言い方をしている。「体を得て用を用いる者は成り、用を得て体を得る者は変ず。剛を先にして兵を学ぶ者は勝主となり、兵を学んで剛を志す者は敗将となる」(第四十章)。学ぶだけでは将足り得ない、と指摘しているのだ。士官学校、海軍兵学校、陸軍大学、海軍大学でいくら優秀な成績を収めても、つまり「兵を学んでも」剛が無ければ敗将となる。昭和の惨たる敗戦は、体を得ていないが用を得るために兵を学んで成績優秀な「剛を志す」将たちによる戦争指導で、敗戦を迎えるに至った。

近代憲法では統帥権を掌握していたはず(第一一條)の昭和天皇は、敗戦後の『昭和天皇独白録』(文春文庫)で、敗因を4つ挙げている。4番目に将帥を昭和と明治で比較している。それは剛の欠落を示唆している、と推察する。

（3）統帥中枢への昭和天皇による違和感の由来

昭和天皇は学習院初等科の生徒の時代、明治天皇のたっての要請で学習院の院長に就任したのは将軍・乃木希典であった。乃木の人格が表面は温和でも内実は秋霜謹厳、剛そのものであったのは、明治天皇への夫婦による殉死にも出ている。その数日前の昭和天皇とのやりとりは涙なくして読めない。

乃木は山鹿素行の『中朝事実』（1669年）を献上した。精神史から観るとこの著作の意図は、闘戦経と共通するものを見出せる。闘戦経の表現を用いれば、この著作の意図は「倭教」（第八章）の文脈に入る日本学への営為の試みだから。

裕仁親王は、直後に「乃木はどこか遠くへ行くのか」との感想を漏らしている。尋常ではないのを感じ取っていたところからは、英邁な精神の萌芽を見出すことができる。このような鋭敏なあるいは真鋭な感性は、陸大・海大での「用」偏重による欧化教育の限界を感じ取ってもいたのではないか。上掲4つの第二に精神の重視で科学の軽視を指摘しているが、ここでの精神重視への批判的な指摘は、「上滑り」でしかなかった精神論への批判ではなかったか。闘戦経は戦争経営での実際性（用）を重視しているから。ただし、それも剛あって活きる。剛の不在ないし軽視では、武の十全な発揮はあり得ないから。半端な将帥しかいなかった？

（R2・12・30）

（間奏）鬼滅の刃・「竈門炭治郎のうた」を読み解く

はじめに：武漢肺炎（コロナ）の蔓延で首相の神宮参拝を取りやめ

首相が神宮を参拝して後の記者会見の内容を読んでから「年頭所感」を記すのが、例年の筆者の習い。が、今年は中止。以下の感じ方でむしろ良かった。

現在（令和3年1月）の菅首相に一国の宰相としての精気や溌剌さが感じられないからである。その眼《まなこ》が活きているように見えないから。理由はともかく支持率が低下したのは、国民の有する感受性の健康な反応を示している。「緊急事態宣言」の発令は事態の改善にどの程度の効果をもたらすのか。

そのような姿態で神宮に参拝し神前に立ってもらいたくない。延期は極めて望ましい結果であった。しかし、後世から不名誉な前例を作って誹りを受けないために、参拝は中止にはならないのではないか。なんともはや。

（1）地霊の呼びかけと思ったわけ

マンガ「鬼滅の刃」がブームであるらしい。映画の興行成績ではトップに。表題にあるテレビから流れているのを聞くともなしに聞いて、惹き入られた。調べると、主人公のヒーロー「竈門《かまど》炭治郎のうた」であった。

後半の節にある歌詞には、涙が溢れてきた。嗚呼《あゝ》、この物語をきっかけにして今まで沈黙を強いられてきた英霊を含む地霊《ちれい》が、止むにやまれずこのような回路を通じて日本社会の地表に露出した、と感じたからである。

そして、感応する日本人の心性は深層で少しも変わっていない。戦後教育制度や現行憲法の法理など、意図的で不健康な堆積物で押さえつけられていたに過ぎないのが推察される。その本性は、そう簡単に消滅していないのがわかる。北京の中南海にある対日筋に、もし優秀な人材がいたら、ブームの解明をして、憮然として党中央に「短見」解説を記している様子が窺える。繁体字では台湾で刊行済み。海賊版で対岸の大陸にも流布している。直接、または香港経由？

映画館に足を運び流涕する観客には、地霊の呼びかけという連想など想像の外であろう。それはそれでいい。要はこの歌詞に感応しているのが大事なのだ。

映画の黄金時代では、年末映画は忠臣蔵が通り相場であったが、昨年12月は鬼滅の刃になった。この反応は一過性のものか、日本の内外を取り巻く環境が厳しいところに触発されてのものかの判断に急ぐ前に、日本人の心性の琴線に触れているという筆者の直覚を、表題から明らかにすることを試みてみたい。

この「うた」を地霊の呼びかけと受け止めた場合に、どのように応えるかは、各人の感受性と器量の問題である。では、一国を方向付ける立場にいる選良たちがこの呼びかけを放置していると、その先にどういう事態を招き入れるのか。

(2) 戦後三四半世紀・76年の現在

尖閣海域への中共公船の日常化した領海侵犯に対し、口頭でおざなりの抗議しかできない日本政府。暴言を吐かれてもニヤニヤ笑いしかできない外相。中共の連日に及ぶ意図的な挑発行為に、市井は心情において鬱屈してきている。

首枷《くびかせ》としては、戦力の放棄と交戦権を否定した9条を抱く現行憲法。自衛権はある、というのが「戦後保守」の言い分である。だからか、連立与党の公明党は改正に消極的で、野党は立憲民主など擁護派だ。中国の海警船がそれを見越しての挑発行為を繰り返すのは、国際法を意識しての既成事実の積み重ねである。

炭治郎のうたは歌う。「どんなに打ちのめされても守るものがある」と。自国領は実力を行使しても守ると公言できない政府と政権党。これは亡国への一里塚だ。市井は日本は危ういのではないかと、危機の予感を抱き始めている。

主人公・炭治郎の心境を、歌詞は述べる。「我に課す一択の運命と覚悟する。泥を舐め、足掻いても目に見えぬ細い糸……。絶望を断ち、傷ついても傷ついても立ち上がるしかない」。一節一節が胸襟に直接してくる。

(3) 76年前の昭和天皇のご軫念《しんねん》の現在

米軍占領下初の新年１９４６・昭和21年に、陛下は「新日本建設の詔書」を出された。ＧＨＱは天皇の人間宣言と称して流布させた。後の初の記者会見によれば、陛下の真意は陛下のたっての「要請」で冒頭に収録された、明治維新後の最初の国是「五箇条の御誓文」にあった。が、ＧＨＱ管理下の媒体はそれを一切伝えなかった。情報が管理されていた現実に大部分の日本人は今も気づいていない。

次いで、この年の「歌会始め」の御題は松上雪。御製は、「ふりつもる深雪《みゆき》に耐えて色を変へぬ　松ぞをしく人もかくあれ」。

この二つの言挙げを背景に、歌詞「どんなに打ちのめされても守るものがある」を口ずさむと、平仄《ひょうそく》が合うと思うのは不敬か。76年経ち市井の民は、昭和天皇の「傷ついても傷ついても立ち上がるしかない」と、「我に課す一択の運命と覚悟」されたかの戦後の行き方に気付く気配を仄《ほの》見せた、というのが筆者の年頭所感である。現代の殿上人らである高級官僚や国会議員らは別にして、と観えるのが問題だが。

（4）認識には積み重ねによる姿勢において深浅がありすぎる

作家・三島由紀夫は問題作『英霊の声』（1966年）で、「などてすめろぎは人間《ひと》となりたまひし」と、上掲の「天皇の人間宣言」を諷したとも読める修辞をした。ここで紹介した1977（昭和52）年8月23日の陛下の記者会見での説明とは、両者はその立脚点において根本的な距離があるように見える。

神武天皇以来124代に至った昭和天皇は、歴代の神事への敬虔な姿勢において培われている在り方がある。「竊《ひそか》に識りて骨と化す。骨と化して識る」（闘戦経・第三章）という放下した激しい行を伴うところに得られる認識に、御言葉は立脚していたことを大方は知らない。その精神は今も生きている。前掲の両者の距離の生じる背景である。炭治郎のうたが心情に沁みるのは、それなりの背景のあるのを指摘しておきたい。日本敗れず。

（R3・01・07）

（八）昭和の戦争は「半端な将帥しかいなかった？」

はじめに：敗軍の将は兵を語らない

敗れて戦後に生き残った将の任務は一つだけ。「兵を語る」ことだ。悲運に朽ち果て英霊になってしまった兵らが、なぜそのような事態に置かれてしまったかを伝える努力を惜しむ社会は本物の立ち直りはできない。国家としての体を為し得ないであろう。それは現在の日本国の在り様に示されている。

現在の在り様とは何を指しているのか。「緊急事態宣言」を出しながら、再延長という見込み、成果が上がらなかったら、また再々延長する？　事態の主導権を握っているのか、事態が主導権を握っているのか。もし後者としたら、我々今の日本人は舵《かじ》を失っている船に乗っているようなものとなる。

後世の日本人は、右往左往しているこの状況をどう総括するのか。今の国政のリーダーの言動に精気を感じる国民はどれほどかいるのやら。予算委員会での質疑応答を見ると、これは大丈夫と言い切る者は与党内でも大勢を占めているか。精気は生気でもある。生気は気力の顕れだ。リーダーに気力の衰えを感じたとき、事態に翻弄されて、収拾は不可能になる。敗者の基本条件である。

神経性の下痢を収拾できなくて安倍前首相は退陣した。なぜか後継指名はしなかった。安倍という存在は、戦後史では敗戦日本の制約レジームの中で部分的とはいえ、外交で事態に主導権を握り展開し得た珍しい存在であった。祖父、元首相・岸信介、父、元外相・安倍晋太郎の足跡を活かした稀有な活動をした。後世にならなくても評価できる。

近現代日本を俯瞰すると、事態を掌握して主導権を握っていた時代の少ないのに驚く。現代に至る病根・主導権の喪失は何時からかを昭和史から探ってみよう。同時代の外延の出来事で、今日に継承されてもいる事象も扱う。

（1）統帥の紊乱の始まり・陸相・東条英機の「戦陣訓」

戦時の日本を暗黒の時代であったという憶説がいまだに強固なのは、東條により1941年1月8日に示達された「戦陣訓」の一節にある。シナ事変の戦線拡大に応じて派遣された日本陸軍将兵による、軍紀の乱れによる一部の狼藉が、派遣軍の参謀でもあった弟君の三笠宮から昭和天皇の耳に達して（天聴）、憂慮（軫念）の意が陸相に伝わり、その結果が戦陣訓であったという。

そうした由来は消え、後世には「生きて虜囚《りょしゅう》の辱《はずかしめ》を受けず　死して罪過の汚名を残すこと勿《なか》れ」という一節が有名である。このフレーズは最初の玉砕になるアッツ島や後にサイパン島での督戦に用いられている。末期になると兵士だけでなく民間人をも拘束して、無用な「玉砕」の悲劇を招いた。沖縄戦でも同様である。

戦場での戦闘要員以外に向けての略奪暴行など戦場での兵士による犯罪の横行は、軍紀の弛緩を物語り統帥の紊乱《びんらん》現象であった。兵站の劣化、現地調達は軍律の乱れに拍車をかけた。「天に代わりて不義を撃つ忠勇無双の我が兵」（軍歌「日本陸軍」の冒頭節）から、不義の行いが起きていたのだ。将帥による事態の掌握力の衰退なのである。一片の示達で解消されはしない。

（2）毛沢東「持久戦論」での日本軍捕虜優遇という活き方

江西省瑞金で国民党政府の正規軍に囲い込まれ全滅ぎりぎりまで追い詰められ、陝西省延安まで逃げ延びた長征（1934・07～36・10了）。8万いた総勢が数千人まで減じた。党にとっての唯一の成果は毛沢東の指導体制が確立したことであろう。抗日の戦略「持久戦論」は、延安に到着後1年半余経った1938年5月から翌月の初めにかけての延安での講演録。

前年7月7日に北京郊外の盧溝橋で日本軍と国民政府軍の小競り合いが、北支事変になり、上海に飛び火し後のシナ事変に拡大した。盧溝橋事件の演出は劉少奇（後に国家主席。文革中に走資派の汚名により獄死）だったともいわれている。

とまれ、中共党は日本と中国政府軍の衝突を奇貨として、統一戦線により日本軍国主義の侵略に対抗しようと蒋介石率いる政府に呼びかけた。「持久戦」を持ちこたえれば、最後に中共党の指導の下、中国人民は勝利を収めるという論説になっている。すべてが我田引水の言い分だが、劣勢の立場では革命家として当然の論旨でもある。この中で注目を引くのは捕虜になった日本軍兵士の扱いへの言及である。

その活用について。日本軍兵士の戦闘精神を評価しつつ、それを打ち破る方法として、「彼らの自尊心を傷つけるのではなく、捕虜としての寛大な待遇に始まり、日本の統治者の反人民的な侵略主義を理解できるように彼らを導くことである」（103）という（戦略研究学会編集。村井友秀編著『戦略論大系⑦ 毛沢東』芙蓉書房出版）。この方針に沿っての捕虜による日本工農学校が、モスクワから来た野坂参三を責任者にして作られた。この毛の明快な日本人分断戦略の出た3年後に、戦陣訓は示達された。

この3年間の日本軍は、シナ大陸で戦えば勝利する、と戦線を拡大し、消耗戦にはまり込んでいた、ことに気づいていたのやら。毛沢東率いる紅軍は多少のゲリラ戦は行うが、戦力の温存を図り、蒋介石率いる国民政府軍も日本軍に追われれば逃げ、南京から重慶に遷都していた。延安の毛政権は周辺にいるモンゴル系住民に接近してケシ栽培を勧め、アヘンにして国共合作？　で都市部に流し軍資金を得ていたのは、楊海英教授の記すところである。

(3) 毛沢東と東條英機の違いの示唆するもの

東條と毛の見解の違いの生じる背景を十分に吟味する必要がある。このように記すのは悔しいが、両者の違いとは視座の違いにある。いかなる逆境にあろうとも長期的に広がりをもって、そこに自分たちを置くのと、なぜか袋小路に自分を追い込んでいく思考様式がある。

闘戦経で言うならば、先回紹介した「兵を学んで剛を志す者は敗将となる」(第四十章)の一つの典型例を作った背景を明らかにするところから、事態が閉塞を余儀なくされた場合の離陸する方途も見えてくる。視座強化の種は、保有する知と掴んでいる情報の読解力による。闘戦経の言辞は何を伝えているか。これは過去形ではなく現在形として吟味しないと、再度敗れる羽目になる。

(R3・02・02)

(九) 知と情報は表裏一体・活かすも殺すも将帥の襟度

はじめに:「情報なき国家の悲劇」は過去のことではない

大本営参謀だった堀栄三の『情報なき国家の悲劇/大本営参謀の情報戦記』(文春文庫1996)という貴重な報告がある。この一冊を読むだけで、日本の戦った太平洋での対米戦が日本にはどの程度のものか、が白日の下に晒されている。

堀は、戦後、自衛隊での情報室長を務めているくらいだから、戦時の反省はその職責で生かされている、と判断していいのかどうか。内情を知らない当方にとっては何ともいえない。ただ、組織の持つ病理は、その中に棲む者の生活態度や物の考え方が変わらない以上なかなか変わらないのは、すでに近くは2011年3月に起きた東日本大震災の際の、諸決定の中枢機関であったはずの首相官邸での右往左往ぶりに再演されている、という見地は否定できない。

そこでの首相官邸の醜態から明らかになったのは、失敗の研究と備えのトレーニング不足を露呈した。GHQ付与の戦後民主主義が半世紀余を経て何の役にも立たなかったことを、この政権は国民に明らかにしたのである。彼らが国民に貢献したのは、それだけであった。これはそれなりに貴重な貢献とも言えた。菅《かん》政権の官房長官をしたのが今の立憲民主党代表の枝野である。程度が知れている。しかし、彼には反省の気持ちはないようである。彼を支持し投票する「主権」者がいるかぎり。

堀の前掲の著作を読むと、菅直人という特異?　の首相であったものの、その病理は大戦中の大本営の事態への処し方、戦争経営に共通の現象を見出すことができる。とくに情報管理のずさんさと必要なときに判断できない体質は、危機管理上では戦時も現在もあまり大きな違いはないのかもしれない。これは恐ろしいことである。

そして、10年経った現在、武漢肺炎（コロナ）の蔓延という全国的な非常事態において、同様の現象を見せつけられている、と思うのは被害妄想か。担当の閣僚が3人もいるのは、それを示唆していないか。日夜、媒体が垂れ流しているように、情報は多くある。要はそれを整理して我が物にする工夫が足りない、のか。だから、事態の主導権を握れないのか。

(1) 敵を知り己を知りて戦う者、百戦危うからず

小見出しは、孫子の章句としてあまりに有名である。ここに戦《いくさ》における情報の意味、あるいは重みは集約されて簡潔に記されている。この章句に国境はない。文明の違いもない。定理を越えた公理である。こうした記述もあるから、闘戦経の作者は孫子との併読を求めたのである。孫子の公理に任せるとしたら、闘戦経の役割は何になるのか。

事物・現象の認識において、「疑えば則ち天地は皆疑わし、疑わざれば万物皆疑はしからず。ただ四体の存没に随って万物の用いると捨てるとあり」(第二十二章)。認識とは認識する側の態度により、その対象の把捉はいかようにもなる、という。評価とても自在になる。公案のような記述であるが、沈思すればその意図するところは伝わってくる。この修辞には「知る」範囲が無限であるかの印象がある。孫子には、このような無制限を許容する言辞はない。

では、万物の用捨をさせ得る智恵には何があるのか。「鬼智も亦た智なり。人智も亦た智なり。鬼智、人智の上に出づと。人智、鬼智の上に出づること無きこと有らんや」(第三十一章)。常態での智と、通常の次元を超えた異常の智を、鬼智と表現している。上掲の制約の無い範囲を想定する飛躍する思考は、孫子にはない。孫子は常に現実に拘束されている、といえる。闘戦経の示すところは、インテリジェンスの持つ重みを骨身に教示しているのである。

(2) 情報と知の関係を整理する

知の背景があって情報の取捨選択ができる。知には二つがある。経験知と思索知だ。二つは表裏の関係にある。どちらに偏しても危うい。情報には表面化しているものと潜勢の二つに分けられるから。

量も重要だが、集めた情報に優先順位をつけるには知の背景が不可避だ。だからインテリジェンスというのだ。この有無は選択に大きく作用する。選択とは、判「断」である。断とは選ぶか捨てるかを決めること。用捨の意あっての作用である。

その前提あって、何をするかではなく、何ができるかの範囲が明らかになる。何が出来るかの背景には、「今」という時間要因がある。

優劣の判断も時間に左右されることになる。時間には長短がある。その長短を決めるのは兵站・ロジステックスである。日本軍は兵站に制約があることによって短期決戦を余儀なくされた。兵站に豊富な米軍に同次元で対峙すればじり貧になるのは当然であり、その結果は敗戦を迎えた。そこで、戦後に米軍の物量に敗れた風の言い回しが横行した。物量に責任を課す前に、劣勢にあって人智を越えた鬼智への発揮を試みたのであろうか。それが「特攻」では更に危うい結果をこれからも招来する。果たして、こうした作戦にもならない作戦を窮余の策と言えるのか？

シナ大陸では空間という広さを制御できなかった。これも兵站に有責を課すことが出来る。昭和天皇と杉山元参謀総長との対米開戦3か月前の勝算のやり取りには、統帥部のいい加減さが端的に露出している。南洋方面なら3か月と奉答、天皇はおまえはシナ事変は一か月で片付くと言ったではないか、太平洋はもっと広いぞと、叱咤されている。堀の判定のように情報の把握力も貧困だと、勝利は夢想の世界の話になる。現実は玉砕と特攻の連鎖により敗戦を迎えることになった。

(3)「闘戦経」は情報と知をどのように把握していたか

闘戦経は将帥の判断力を重視している。孫子の戦争学を「懼れ」と詭譎の二つに収斂させて澄然としているのは、それである。兵を動員し戦闘により勝利を収めるのを下とするのが孫子の兵法であった。闘戦経の作者は、「戦わずして勝つ」技巧に走るのを拒む風が強いのは、謀略に沈溺することの弊を予知していたからであろう。やがて、自らをも腐蝕させてしまう。朱に交われば赤くなるのに、生理的な嫌悪感を抱いていたと推理させる。国民党に比し清廉さを売り物にしていた中共党が、90年代以降の開放経済下に高官による汚職の凄まじさを視よ。

有力高官の在外資産は一人当たり兆を超えるとの在米筋の報道は、日本人の想像を超える。同様に、米軍が20年進駐して戦ったアフガニスタンの政府高官たちによる米国の銀行にある蓄財は、一兆円を越えているとの報道もある。20年の成果がこれであった、と言えよう。

（R3・02・06）

（十）鬼智を発揮する一つの想定

前回の補足：題名に用いた「襟度《きんど》」

将帥に必要な襟度（人を受け入れる度量、雅量）、とはどういう意味なのか、いきなり記されても唐突に思われた方もいたであろう。字数の都合で端折ってしまったが、この連続稿の根本に関わるので多少の補足を試みる。

シナ人は孔子より老子を好む、と言われている。通俗では、老子は虚無の思想家という。それが妥当かどうかは、以下の紹介で判断してもらいたい。生半可な解釈を許さない老子思想の深淵の一端がある。

兵事（軍事）について、彼は「兵は不祥の器にして　君子の器に非ず」（老子　三十一章）と明快に断じた。その意は、従って自分は関与しない、と明言。この章の終わりは、「人を殺すこと衆《おお》ければ哀悲を以って之を泣き、戦い勝ちて喪礼を以って之に処る」とある。ここに用いられている「哀悲」という表現は虚無という形容とどのような関わりになるのか。老子の極めて多感な、ということは人間の振舞いに絶望では終わらない趣きを読み取れないだろうか。

将帥の任務は、勝利を得るために敵味方に関係なく「人を殺すこと衆《おお》い現実の追求を余儀なくされる。だから、続けて「戦い勝ちて喪礼を以って之に処る」という言葉の意味は深い。己を持する襟度あって、そうした心境に至るから。そのような姿勢にある将帥の下であれば、兵は死地にも勇躍飛び込んでいく。だから、闘戦経は戦略など戦いの仕方よりも、在り方を重んじる傾向が強い。将帥論に力点を置いた、と評してもいいかもしれない。孫子と対照的なところである。

問題の提起：呪縛としての玉砕

闘戦経への偏見は、敗戦を契機にしているのは勿論だが、戦法にもならない玉砕という方法をもたらしたのは「闘戦経」だった、という憶説に由来する。戦時にそのような主張をした書籍も刊行されている（中柴末純「闘戦経の研究」１９４４年）。中柴はアッツ島の玉砕を称揚した。戦闘精神の極致だと礼賛している。

このような評価こそが問題だ、といわゆる戦中派の政治学者・神島二郎は観た。玉砕への傾斜は日本人の発想方法にある病患だと、南太平洋のメラネシア島嶼人にある憑依現象「マナ」と闘戦経の中核概念である「真鋭」を結びつけて解釈したのである（新版『政治を見る眼』１９９１年）。神島の見方を一見は留保をつけてはいるものの、内実はそのまま継承しているのが、片山杜秀の『未完のファシズム』

（2012年）である。

神島の場合、マナと真鋭を唐突に結び付けているが、思いつきに過ぎない。玉砕という発想は日本人の伝来の発想の中にある、としたかったところに偶々マナがあったのである。彼は「発見」したのであろう。ありていには、日本人には袋小路に入り込みたい癖がある、としたいのである。

山本七平の見方にも神島と共有する見地がある。ヒステリックになって相手かまわず物を投げる、といった表現で敗けこんできた戦局に対処する統帥部の無計画性を批評していた。今、その出典を明らかにする用意がない。

ここでの問題は、玉砕という戦法にならない戦法が日本固有の思惟に由来すると観るのは一方的な偏見である、と言いたいのである。

（1）統帥の運用に柔軟性が乏しかったのはなぜか

前掲の（八）の（2）で、毛沢東の持久戦論を扱った。玉砕戦法を結果的に用意というか地ならしをした「戦陣訓」との比較を試みた。悔しいが、毛沢東の方が当時の日本の統帥部の視圏や戦略水準と比べると、役者が一枚も二枚も上手である。これは、（七）の（2）で紹介した闘戦経第四十章を読み込むと観えてくるものがある。

もう一度紹介する。「体を得て用を用いる者は成り、用を得て体を得る者は変ず。剛を先にして兵を学ぶ者は勝主となり、兵を学んで剛を志す者は敗将となる」。後段の「兵を学んで剛を志す者」が統帥部を構成するようになっていたのだ。いわゆる学校秀才である。その頂点に立ったのが「戦陣訓」を示達した東条英機であった。彼は尋常ではない努力家であった、といわれている。頭の中には常に学んだ教科書通りのマニュアルが用意されていた模様である。

(2) 剛を先にして兵を学ぶとは、体を得て用を用いる者

存亡の危機に臨めば、事態の打開のために既往のマニュアルには収まらない人智を越えた鬼智を発揮するのが、闘戦経でいうところの剛である。

全般的に兵站を軽視した日本軍は、一例を挙げればニューギニア戦では20万の兵員のうち生還したのは2万名。戦死よりほとんどが餓死であった、と言われている。この結果は作戦の名に値しない証明である。米海軍の潜水艦による系統だった輸送船の撃沈による制約があったにせよ。開戦当初から1944年にかけて、日本の船舶保有は10分の1になっていた。

もし統帥部に広角的な視野の持ち主が相当数いた場合、そしてラインの長に「剛」の持ち主がいたら、補給不能が明らかになった段階で、派遣将兵に降伏せよの下達をする選択肢はあった。10万以上の日本軍が降伏したら米豪両軍も困惑したであろう。戦後を視野に入れると、捕虜の待遇もおろそかにできないし。作戦に参加した兵を餓死させるのは、すでに統帥の責任放棄である。ここで発揮されるのは通常の理を越えた「理外の理」しかない。だからか、戦後、三四半世紀経っても、政府に因る実証的な大東亜戦争の総括はいまだに不徹底なのである。

一概に比較できないが、独ソ戦でのスターリングラードにおいて補給が途絶えて、パウルス司令官はヒトラーに降伏の許可を求めた。ヒトラーは拒否、最後の一兵まで戦えと命じた。1943年1月末に、司令官は独断でソ連軍に降伏。9万6千名。戦後、収容所から生還したのは6千名。

ソ連の統帥部、おそらくはスターリンだろうと思われるが、収容所で復讐を心掛けたのが推察される。

シベリア抑留の日本人将兵60万人（この数字も正確ではない）、抑留中の犠牲は約一割、正確には不明。スターリングラードのドイツ国防軍の捕虜と比べればだが、まだよかったことになる。

敗者に再びならないために学べる範囲のものの修学は疎かにできない。

（R3・02・10）

（十一）四体未だ破れずして心先ず衰ふるは天地の則に非ざるなり

はじめに：戦後三四半世紀の現在

表題は、闘戦経・第十四章の末尾の文節である。敗戦・76年間経った日本の現在を端的に言い表しているように思える。四体は永らえているにも拘わらず、心は衰えていないか。鬼が白昼横行する時世。まだ「鬼滅の刃」は見出せない。いや、鬼滅のための刃を研ぐ動きは起きていない。

四体とは肉体を指している。しかし、心が衰えているのは天地の法則に反している、と先哲は闘戦経を通して伝えた。体は生きているのに心萎えているのは、実質では死んでいるのと同じだとした古人の実感は、継承されているか。占領下で気づく回路を公的に遮断されて、実感の機会もなくなって久しい。

昨年後半の爆発的なブームを惹起した『鬼滅の刃』の主題歌の一つ、主人公の一人・「竈門炭治郎のうた」に印象的なフレーズがある。「どんなに打ちのめされても守るものがある」。三回くりかえされている。１９４５年の日本の敗戦は、国家と日本人が打ちのめされたことを意味した。敗戦に直面して茫然自失したのが一般的な日本人の姿であった。先ず、腹が空いていた。戦意を持続させる気力は急速に失せていた。

だが、内心、他日を期して誓った日本人もいたが、多くは自失したままに四体が生き延びるのを優先したのを責めることもできない。残念なことに、その過程から徐々に心衰えてしまったのではなかったか。占領下の政治も、主権回復後の政治も、「食うて万事足り」（闘戦経　第二十九章の冒頭）で、経済優先を売り物にした。誰もが納得していたから、「戦後保守」の主題になり長期政権になった。

十年前に多くの悲劇をもたらした東日本大震災のさ中の或る特徴的な出来事を紹介するところから「心が先ず衰える」とは何をもたらしたかを考えてみる。その出来事にある本質は、いまだに問題が共有されずに放置されて現在に至っているからである。この現象は今後の日本にとり深刻であるにも関わらず。

（1）石巻市立大川小学校で起きた悲劇・隠ぺいの動きなど

２０１１年3月11日に起きた東日本大震災の津波で、宮城県石巻市の大川小学校（当時、全校児童108人）では、学校にいた児童は78人。このうち74人が死亡・行方不明に。教員も10名が犠牲。避難をどうするかで教員は小田原評定に終始し、校庭に50分も生徒は放置され、やっと決めた堤防に向かった直後に津波に襲われたという。

すぐに裏山に避難していれば、このような悲劇は起きなかったであろう。列の後尾にいたために裏山に逃げられた数名は生き延びている。父親が車で学校に駆け付け引き取られた児童は助かっている。引き取りに来た母親に担任が学校にいた方が安全だと説得して残り、母親が子供と一緒に犠牲になった事例もある。

事件後、学校側の責任が問われ裁判になり、市は負け遺族に賠償金を支払うことになった。校長は折あしく不在だった。非常時のマニュアルが不完全のために起きた事故であった、といえよう。校庭で徒らに時間を浪費した責任は重い。ここには有事に対応する気構えが教員側に全く欠如していたことが露呈している。校内での非常時の指揮系統も無かった模様である。有事とは何か、火事ぐらいしか想定していなかったのか。

（2）「想定外」という表現に込められている当事者意識の欠如

東日本大震災の発生後に定着した言語表現がある。津波という現象は「想定外」にされた。国会ではなんと日共議員により福島原発への津波の危険性についての質問がされていた。質問者は想定内でなくていいのかの疑義を提示していたのである。折角の質問は、東電では想定外で処理され不問に付された。監督官庁も、結局は東電の決定を追認した。日共議員のせっかくの質問は、無駄に終わったのである。

校庭に生徒を集合させていながら議論に終始していたのは、事態の緊急性の切実さが共有されていなかったのを示している。加えて、事件後に正確な記録への傾注はされず、ある種の隠蔽がされたという報道もある。これでは、戦局が悪くなっての「大本営発表」の作為ある情報公開と同じである。戦後、「大本営発表」は嘘の代名詞になった。

そうした状況は、あらゆる事件の事後に十分にあり得る現象である。小中学校でのいじめを受けていた生徒が自殺する事件での、学校や教育委員会がなかなか真実を認めないのと同様である。しかも、報告書には虚偽を散りばめている始末である。

関係者による保身への共有は素早いのも、このような事例でよくあること。保身意識の共有あって共同謀議になる「想定外」という表現が作られたのであった。責任回避の合意形成だけは素早いのもいやはやだが、これでは児童を失った保護者の怒りを増幅したのは当然であろう。

(3)「非常事態はない」という想定の日本社会の異様さ

武漢肺炎の蔓延対策での度々の「緊急事態宣言」以来、社会の安定を確保するのに制約や強制の動きが必要な状況があることは、国民間に徐々に学習され始めた。2020年前までの日本社会には、非常事態は実感の外であった。それは有事という表現に相当する状況を想像する職域は、警察か自衛隊の役割、国民個々は問題外、が習いで占領下を含め三四半世紀を経てきたからである。

議論に終始していた大川小学校の教員の動きは、特異な事例ではなく日本社会では平均的なものだった。生きるために必要な感性が萎えていたからと思われる。サバイバルな感性を不要とするところに現行の憲法の法理ができているのは、諸国民の善意に一方的に期待する前文と9条を見ればいい。それに基づく戦後教育、教育基本法により育って成人になって数世代を経た。自分の四体を護るのは最終的には自分の意志あって可能になるという常識が失せた。病、膏肓に入っている。

闘戦経・十章の一節、「壮年にして道を問う者は南北を失う」とある。危機についての常識を知らずに壮年になると、いざ必要な事態になっても右往左往して手遅れになる、と言っている。大川小学校の教員のように、有責の切実さも不明のままに彷徨うことになる。当人は自業自得だが、巻き添えになった生徒は悲惨だ。

結び　大川小学校の生徒は不慮の戦死である

70余名の生徒は、統率をする教員の無能さにより早すぎる死を迎えた。生徒が懸命に泣きながら裏山に逃げようというのを教員が抑えたという。こうした生徒がいた事実は救いである。心衰えていないからだ。だが、占領者による日本統治の教育で育成された教員により、殺される羽目になった。

こうした悲劇を繰り返さないために、犠牲になった生徒は戦後教育により殺された、いや戦死であったという観点を見落としてはならない。異例の出来事視するのは、事件の本質を見誤ることになるから。いつでもあり得る出来事と受け止めなければならない。

（R3・02・15）

（十二）闘戦経が戦後日本で無視・排除された背景（前奏）

はじめに：戦後民主主義という悪夢、または呪縛

日本にとっての戦後とは、第二次世界大戦が日本の降伏調印（1945・9・2）により終わった以後の日本である。三四半世紀経った。この期間の基調を戦後という。その基調が世界の覇権をめぐる米中対立の先鋭化という現在の渦中にあって、日本の生き残りを考える際に、多くの歪みと制約をもたらしている。

では、その基調は何か、今回の既往の稿でも指摘しているように、現行憲法の法理で特徴づけられている「戦後民主主義」である。占領当初は敗戦という衝撃からの酩酊もあって凌いできたが、朝鮮戦争の勃発以後に主権を握る米国の統治政策の変更から酔いの醒めた部分もある。

だが、基調には変化はなかったのは、対日講和が発効したにも拘わらず、占領中に施行された憲法を破棄せず継承したのに示されている。ここに現在に至る戦後保守の輪郭ができた。対日講和を推進した米国も、そうした妙なというか非常識な振舞いをしている「戦後保守」に異論を挟まなかった。それは、

案外、影で主導したのは米国であったかもしれない。

「戦後民主主義」とは、戦中・戦前の日本を総否定して成立する。戦前・戦中を少しでも肯定すると成立しなくなる仕掛けになっている。この考えの瀰漫《びまん》がどれだけ日本人の世界に処する在り様を歪めてきたか。世界に通用しない思考の壁を作ってきたか。文字通りの悪夢の戦後になった。

だが、米軍の保障下で戦前とは隔絶した繁栄と豊穣を得た。世代交代を経て、生活面で戦前と比較できる人々は周辺にいなくなっている。結果、主権に関わる思考上での内外格差は放置されたままだ。それが益々歪みを増殖する。想定される悲劇が目前に迫っているにも拘わらず、危機を予感する感受性を失ったままなのだ。

孫子も超限戦も、闘戦経も、その背景認識では根本的な違いがあっても、為政者にとり日々とは常在戦場であるという捉え方、では共通している。いわば、万国共通の公理であるから。戦後民主主義は、平和と戦争を一体の下には決して考えない。日本は戦争・侵略国家であったから、米国は日本を占領し平和国家建設に「協力」した、という幻想。

流石にこうした異常思考が三四半世紀弱も続くと、立憲民主党に集う敗者の幻想に今だに固執する者ならいざ知らず、おかしいと感じ出す若い世代が台頭するのも自然の性《さが》であろう。少し遅かったが、良しとするしかない。

（1）非武装の国家はあり得ない

その良し悪しは別にして、国家はその生存、生き残りために軍事的な用意、武装をしている。非武装の国家はあり得ない。米国は、自分は軍事的に日本を占領していながら、日本には戦力放棄の憲法を付与した。この偽善を見よ。

あげくに戦力において急速に台頭し米国を近未来に凌駕すると見込まれる中国の存在に憂慮し、日本に武力の強化を求めている。米国産・日本国憲法には戦力放棄と交戦権を否定する条項がある。数年前に国賓で来日した米大統領は、横須賀での米軍人に向けたスピーチで、世界で最強の日米両国による「戦力」(force) 一体を論じている。そこには日本国憲法にある非常識な9条の法文など歯牙《しが》にもかけていない立ち位置がある。

(2) 戦後民主主義・宗家の思考を解体する世代の台頭

「戦後民主主義の虚妄に賭ける」と言い切ったのは、東京大学政治学教授の丸山真男であった。1945年に『世界』(5月号) に発表した「超国家主義の論理と心理」において、戦前から日本を戦争に持ち込んだとみなす指導者群の思考形態を明らかにした。以後の「日本ファシズムの思想と行動」(1948・5)、「軍国支配者の精神形態」(1949・5) 等により、負そのものの旧日本を糾弾する論理構成がされて、「戦後民主主義こそあるべき日本」論の大枠が成立した。

60年代から70年代にかけての論壇は日共系は別にして丸山系により占められていた。丸山の近代日本批判の源流は、占領軍(GHQ)の日本統治に深い影響力を行使したカナダ人の対日宣教師を父に持つE・H ノーマン著『日本における近代国家の成立』にある。二人は仲が良かったらしい。後年、英国情報部は、ノーマンは限りなくコミュニストである、と断定した。カナダ政府はそれを認めない。この著作はGHQスタッフの必読書であった、と言われている。日本軍国主義の対外侵略意欲の内発性が明らかにされている歴史認識だから。

時勢の変化は丸山風の近代日本国家批判への懐疑、やがてはラディカル（根本的）な批判に及んできている。その開始は1960年代末からの大学紛争であった。後進東大生による批判には結核で肋骨を数本削除している彼には、身体的にも応えたようである。

その場での論争に加わりはしないもののその場にいた橋爪大三郎は、後年になって『丸山真男の憂鬱』（2017年）で丸山政治学の総括と言うか論難に近い批判をしている。橋爪の捉えた「憂鬱」をさらに推し進めて、丸山の声も聞いたことのない伊東祐史は『丸山真男の敗北』（2016年）とした。現実に驚異的な影響力をもっていた一つの論理体系？　が、時代の進展により破綻していく様を見ると、中島みゆきの『時代』の一節「まわるまわるよ時代はまわる」を連想する。

（3）伊東の解明での二点の不徹底

丸山は日本史での「開国」に拘っていたと観た。なるほどと思う。しかし、なぜか東大の教授時代に英米に年余の留学をして、憧憬した近代欧米のリベラルの本場と接してどのような所懐を持ったかについては一言も触れない。これは丸山が留学記を残していないからか。伊東もこの間の考察をパスしているのは解せない。上掲の3部作の視座とて、課題「開国」を根底に置いている。

そして、近代日本の戦争への道のりが内因優位なのか外因かの問題と根底で不可分のはずである。だが外因を問題視して提起するのは、占領統治をしていたGHQは決して容認しなかったであろう。日本は犯罪国家として政治ショウである極東軍事裁判での被告の立場であったから。こうしたマクロな舞台装置から南原繁や丸山真男が旗を振った戦後民主主義を凝視すると、舞台裏のうさん臭さが浮上してくる。

（R3・02・20）

（十三）死者への畏敬・鎮魂の不在が基調の戦後日本

はじめに：死者を無駄な犠牲と観る戦後民主主義

日本国は国賓として海外に招かれると、無名戦士の墓に献花する。是は貴重な外交儀礼である。日本も国賓を招く。しかし、靖国神社への表敬はない。主務官庁である外務省も不思議としない。変則国家なのである。主権国家といいながら国家の体をなしていない。これは勝者・敗者とは関係ない。

今、コロナ騒ぎで習近平の国賓問題が低調だが、中共国家の国歌の原曲は「抗日義勇軍の歌」である。国賓として習を招いた場合、靖国神社への表敬を日程に入れるだけの度胸が、戦後保守の現政権や外務省にあるとは思えない。外交慣例が「戦後」の日本では軽視され制度化されていないのだ。

国賓トランプは安倍と六本木かの焼き鳥店には赴いたが、靖国神社への表敬は無視されていた。一方で、彼は横須賀の米軍基地にて米将兵へ演説し米日軍事同盟を称揚していた。その直後に帰国の途についている。戦死者への表敬の有無は、現行の日米同盟には関係ない、と両国政府は堂々と断言できるのか。ブッシュ・ジュニアが国賓として招かれた際、靖国神社への参拝を要請した、という内幕話がある。わが外務省は怯えて、明治神宮に変更した。ここには、文脈上の混乱があるものの、今時の外務官僚にはわからない。

戦死者がこれほど冷遇されてスルーしている国家は、他に前例はない。諸外国の武官は日本にくると、靖国神社への表敬を欠かさない。前稿で国内外の心理格差に触れたが、その象徴的な事例なのである。

なぜ、戦争で召集され公務として殉じた死者をここまで足蹴にできるのか。侵略の片棒を担がされた不運な犠牲者なのだとの勝者側の見方が標準化されているからだ。戦後民主主義と戦後保守は現行憲法を継続し野合しているかぎり、国家・社会での死者（英霊）への畏敬・鎮魂の不在の基調は、変わり様がない。こうした振舞いは、いずれ手ひどいしっぺ返しをもたらすであろう。

(1) 戦後民主主義の祭司・丸山真男は身近な死者には礼を尽くした

伊東祐史の『丸山真男の敗北』によると、小見出しにあるように周囲の死者の祭事には体の不調を押しても赴き、弔文の作成に意を注いだという。互いに戦争の犠牲者という戦友意識があったのだろう。そこから、伊東は、戦後民主主義は丸山の名付けにより「悔恨共同体」を背景においていると看做《みな》した。ここでの悔恨が本書と同時発売した『中国という覇権に敗れない方法　令和版・『闘戦経』ノート』に紹介したⅢ部の論文考（昭和日本の弱点・統帥権とシナ大陸）の基調でもあった。課題への接近方法は全く違うが。超国家主義、日本ファシズム、軍国支配者というキーワードだけあって、見当はずれの悔恨意識は深まる。

すると丸山の戦後民主主義を担いでの多方面での行脚の背後には、多くの有縁無縁の戦没者が同行していたことになる。丸山の精神形成に多大な影響を与えたのは、母の存在である。丸山が出征中に、死の数日前に詠んだ辞世を伊東は紹介している。「召されゆきし吾子《あこ》をしのびて思い出に泣くはうとまし不忠の母ぞ」。絶唱である。丸山が母に傾倒して当然である。当時の出征兵士の母親たちの心中をあますところなく示している。原爆投下後の広島（宇品）で文字通り九死に一生を得て帰還後、この辞世に接して丸山は慟哭したであろう。そこで悔恨は益々深まる。深まりに応じて再来させない決意も固くなる。戦中をもたらした戦前の日本への憎悪は深まるばかりである。

すると、70年代の大学解体を叫ぶ学生との距離は拡がるばかりであったろう。戦後四半世紀を経ただけであったが、丸山を攻撃する学生との間には「断絶」をもよぎる隔世を感じたと思われる。なぜか。それは死者との関わりの在り様にあるのだ。丸山流儀の死者との関わりの仕方に問題がある。悔恨世代、戦後民主主義の範囲に収まる死者だけを相手にしていた。問題はそれでは収まらない。

(2) 日本思想または日本文明における死者の在り様

丸山は自分の戦時体験もあって、日本を捉えようと執拗に追いかけた。それは大枠で成功しなかった。だから、橋爪は丸山の「憂鬱」を言い、伊東はその営為の全体を敗北と断じた。二人の批評が妥当かどうかはさて置こう。

しかし、日本思想または日本文明において、特徴的な事実は死者への接し方である。古代から日本人の死者への謹慎に基づく畏敬の姿勢は、死者との共生意識から来る。そうした在り様を神々は嘉《よ》みすると理解していた。祭事ないし神事において、死者は再臨し生者と共に共食し振舞うと信じていた。

死者の世界である幽界と現世である顕界は自由に行き来しているのを実感する場が祭事なのである。だから祭事に敬虔にならざるをえない。生者もいずれ死者の仲間になる。死者となって、生者を見守り続ける。それが日本思想なり日本文明の根源的な在り様なのだ。丸山が自覚していたかどうかは不明だが、通史的に俯瞰するならば、丸山は歴史上の出来事への評価は別にして、周辺の死者を大事にして、平均的な日本人の本来の生き方を素直に表していた。

（3）戦後意識の錯誤から脱皮する

ことの経緯の評価はともかく、日本を守るために犠牲になった300万人に及ぶ戦時の死者（英霊）の存在を、国家が敗者になったことをもって、侵略の尖兵だったから無駄死にだと論《あげつら》うのは、ことの優先順位が狂っているとしか言いようがない。歴史認識や評価は時勢の変化で変わってくる。敗戦直後の日本糾弾は占領軍による一定の意図あるものであったことは、今は明らかになっている。丸山やその後継者は、その事実を認めたくない、ただそれだけである。

帰属する国を守るために戦没した者への畏敬心を失ったり、忘れないための鎮魂の祭事を疎かにする社会は、凝集力を失い、やがて解体するだろう。この三四半世紀の日本は明白に破局への道のりを歩んでいるとしか見えない。

再び敗者の憂き目に遭遇しないためにはどうすればいいのか。先回の敗北を招来しないために現行憲法の前文にある反省をしていればいいのか。これでは再度の敗戦を迎えるのは否定できない。勝者になる必要はない。敗者にならなければいいのだ。日本人が自然体で最も戦闘力を発揮するには、闘戦経の原理原則に立脚すればいい。そこには日本人がこの国土において培い育んできた身の丈に合った日本文明にある叡智が、言葉少なく意味深く例示されているから。

（R3・02・23）

（十四）死者との黙契を顧みる回路を失った日本思想

はじめに：戦争か平和か、という二者択一の落とし穴

日本は１９４５年の夏に戦争に負けた。自分で勝手に外部世界を侵略し、国際社会に多大の迷惑をかけた、そのあげくだった、と勝者は断定いや断罪したのが、俗称、東京裁判、正式には「極東国際軍事裁判」の判決だった。再度、外部世界に迷惑をかけない存在になるためには、侵略の条件である軍事から隔離されていればいい。主権の行使である交戦の権利を削除する憲法？で自縄自縛した。

それは日本人が選択したかの憶説を定説化した。最初の日本占領軍司令官であるマッカーサー元帥の回顧録にある。自分から言い出したとされた首相？　幣原喜重郎は、卑怯にも真相を墓場に持ち去った。占領軍総司令官マッカーサー元帥に脅されたのであろう。幣原のこの卑劣な振舞いは、昭和の欧化官僚の限界である。奇しくも、昭和27（１９５２）年4月28日の主権回復時に、占領下に付与された現行憲法の破棄を宣言しなかった吉田茂「首相」と、進退の仕方で近似するものが多い。

ここに公理として占領地であった国民（人民）に提供されたのは、戦争か平和か、という二者択一。国際社会では、どの国家も外交は平時でも有事に備えて軍事力・武力を常を備えている。自衛・侵略を問わず主権の行使のために必要不可欠だから。

（1）主権回復後の政府の主権意識の現実

そして、三四半世紀を経た。固有の領土、竹島を韓国に不法占領されて、69年経った。堪りかねた島

根県が条例で定めた「竹島の日」は2月22日、今年（令和3年）で16回。県主催の式典に中央政府は政務官を派遣するだけでお茶を濁している。

尖閣諸島への中国の占拠に向けた意図にとって、北方領土と同じく竹島への腰の引けた政府の事例は、有力な参考になっている。自力で主権を行使する覚悟の有無を、注目し威力偵察をしている。あるとしたらどの程度か。それは誰か、にまで。

この二つの事例から浮上してくるのは、現在の日本政府の主力には主権意識がどの程度に自覚されているか？　の問題である。中国の海警公船が、尖閣に上陸した場合、海上保安庁の巡視船は、マイクで上陸した中国の海警に向けて、ここは日本の領土だから撤収してください、と呼びかけ、それ以上の実力行使をするか。政府には現場からの報告に果断に排除命令を下す想定と合意ができているか。

今、想定されるのは、外務省を通して中国の在外公館に撤収を「お願い」する方法であろう。大使館は事実関係を本国に問い合わせるので、と応対して引き延ばされるであろう。徒に占拠の既成事実と時間は過ぎていく。外務省は官邸にまだ中国側から何も言ってこないと、報告するだけ。それ以上の提言は？

官邸は、まさか在日米軍に排除の武力行使を依頼するのか。国会が開会されていると、野党第一党の立憲民主党が、政府に直ぐに実力行使せよ、というはずがない。最近の日共党は立民党と同じ態度を執るとは思えないが。

こうした想定を通して見える状況は、現在の日本政府には国際常識の主権を行使する気構えはできているように見えない、ということだ。

ないか。

(2) 近代日本を本気で省察する機を失った戦後・三四半世紀

76年前の敗戦と7年弱の占領されていた期間は、日本近代の総括にとって極めて重要な時間であった。日本はなぜ敗戦の憂き目に遭わねばならなかったのか、どこに日本の弱点があったのか。反芻できる貴重な時間を無駄に過ごしたのが、占領中の日本の当事者たち？　であった。GHQの下請けだから仕方ないか。

東京大学法学部教授・宮沢俊義に8月15日革命説を提供した丸山のように、日本改造の占領行政に積極的に関わった者たちの「反省」は、占領行政に役立っただけ、と後世から揶揄されても自業自得。前稿で引用した橋爪の著作はそこまでは立ち入らないが、伊東の解明は本人が自覚しているかどうかはともかく、戦後民主主義批判はその文脈で読むとわかりやすいのは確かである。

現在から考えると、占領統治に直接に関わっていたパワーに補助的に役立てていたにすぎない。それは、ノーテンキな善意で取り組めば取り組むだけ、日本文明の中核部分の消滅に向けた抑圧に一定の効果をもったのであろう。自前の解明に至らなったのは、当時のGHQの走狗であった「戦後保守」陣営の怠慢さと程度の悪さも指摘せざるを得ない。あまりに軽いのである。

せめて戦時、ついで占領期の史料を後世の評価に役立てるために散逸させない努力はすべきだった。オーラル・ヒストリーを含めて、である。講和条約発効後に着手できたはずだ。「戦後保守」派は旧宗主国米国に気兼ねしてか、時機を放棄した。

（3）文明開化・欧化扶植の限界を骨身に知る機会を失った

敗戦後の占領中を含めての日本の「戦後保守」派の知性は、その程度だったのである。これでは日本が敗れても仕方がない、となるか。ここで、近代日本の指導層の評価が求められている。昭和の日本国家の経営をしていた選良は、明治文明開化の成れの果てである。初代は、欧化日本をとにかく築くのを最優先した。日本以外の the Rest の世界は欧米の支配下にあったから。唯一の実を伴った独立日本は、貧しさに耐えて外形を整えるのに懸命であった。国際比較すれば、よくやったと評価するのが自然だ。

だが、敗れたのである。なぜか。世界の舞台に遅れて登場した軍国主義、侵略主義だったから。しかし、これは勝者の言い分でしかない。何が弱点であったかを自前で考究する視座が用意されていなかった。丸山のように勝者の方法を用いて解析するのは無駄ではないが、本末転倒なのである。

近代化要員の基礎学に問題の根が潜んでいる。掛け声で和魂洋才はあった。では和魂とは何か、洋才とは何かを問題意識として、どこまで自意識化していたか。ここでの一例を挙げれば、シナ風に呑まれずに思索した闘戦経の到達した境地を、欧化という時代性を深刻に意識して再生を試みるなどは思案の外ではなかったか。ゼロ戦や戦艦大和など欧化技術の粋を得ても、その活かし方のソフト面では後れをとっていたのは、占領者に拝跪する態度を見ればいい。

立ち居振る舞いも含めての洋務官僚の程度は、幣原の死に方に出ている。ここで、死者との黙契を全面的に引き受けていた昭和天皇を想起するのだ。

（R3・02・26）

（十五）再びの敗戦を迎えないための日本思想への回帰

はじめに：戦争か平和か、という二者択一による自滅への回路

7年弱での占領統治の成功は、竹島・尖閣での今の日本政府の取り組み方に露呈している。同時にそれは、近代日本の国際関係での欧化の経験がいかに日本文明を劣化させたかをも物語っている。

明治大正昭和の三代を一貫のもとに捉えると、昭和の戦争と占領の期間20年は連続的に把握することができる。俯瞰すると、欧化の失敗の成果と考えられるから。それは、前回（十四）の冒頭、「戦争か平和か、という二者択一の落とし穴」に嵌ったままの現状の深刻さを、自覚できない日本人と日本国の迷走に露呈している。このような単純明快な現状の捉え方が国民の合意にならないのは、敗者の惰眠が心地良いからだ。心中深く巣食ってしまった現状でよいとする下降思考からの離脱を真剣に模索しないと、手遅れになる。

（1）闘戦経を敢えて取り上げた理由

ここで闘戦経を取り上げたのは、当時の東アジアの世界文明の中心であったシナ文明に対峙して、気後れせずに自尊を自覚した成果の一つであったから。欧米文明に接触して二世紀、積極的に欧化路線を選択して約一世紀半、試行錯誤を経ている迷走からそろそろ脱皮してもおかしくはない。膨大な戦没者数にもあるように十分な授業料も払っている。プラス面も毒性も経験した。元来有している鋭敏な感受性は、現状がどこかおかしいと気づいているはずである。

孫子に接した日本は、その考えに沈思し追究した結果、日本思考とシナ思考の違いに気づいた。意識して受容しないとえらい病患を抱え込む結果になる、と気づいた。現在の武漢肺炎に侵食されるようなものだ。その成果の一つが闘戦経であった。

すでに紹介した「漢文詭譎あり」（第八章）や「孫子十三篇、懼《おそれ》の字を免《まぬか》れざるあり」（第十三章）は、それである。それを集約して、最後の章に、「用兵の神妙は虚無に堕ちざるなり」（第五十三章）で、闘戦経は終わる。この最終節で示唆しているものは実に深い。

老子は兵事に距離を置いたことは先に触れた（六 はじめに：老子と孫子を参照）。闘戦経の作者は老子のように距離を置かずに取り組んだ。その成果が前掲の第五十三章の文節である。虚無に堕ちない発想法とは何かが、そこに至る各章に盛られている。日本兵学の粋が簡潔に散りばめられている。日本文明の中核はシナ思想の虚無に汚染されはしない、と自覚したのだ。その第一声が、第一章の冒頭にある、「我が武は天地の初めに在り」である。

(2) 闘戦経への取り組み方

平安時代の作となっているから、本文は当時の東アジアの国際語である漢文である。本場の漢文に比して遜色ないかどうかは、その方面に疎い現代日本人である筆者には評価できない。近現代日本の学術語・英語のようなものだ。

それなりの研究書が出ているが玉石混合になる。出版元は倒産したが、現在も古書として入手できるものに、笹森順造『純日本の聖典 闘戦経 釈義』（日本出版放送企画1992）を私は強烈に推薦する。笹森は弘前出身、1886年生。デンバー大学で学位をとり、青山学院の院長にもなり、一刀流の剣道家として文武両道、占領中から衆・参議院議員とし計7回当選、占領下の日本にとり重要な閣僚にもなった。復員庁総裁。賠償庁長官。

例えば宮本武蔵の『五輪の書』を読むのに、武道を知る者とそうでない者では、字面を追っても理解に格段の差、次元の違いが生じると思う。闘戦経でも名は出さないが、ど軽い解説本もある。本人が気づいていないから始末に悪い。

笹森は、原文、読み下し文、大意、解釈と項を立てている。古代日本人の「産霊」生命観についての解読でも、こういうクリスチャンもあり得るかと頭が下がった。そうした捉え方ができるのは、剣道の極意あってのものであるかのような気がする。比較思想の分野では、武士道の終わりを示唆した新渡戸稲造の系譜には入らない、と評せる。

広い意味で笹森の系譜に入れてもいいと思われるのは、兵学研究家である、家村和幸の『闘戦経』(並木書房)か。平易で読みやすい。笹森の記述は漢文を自由に読みこなせる世代には不自由しないが、戦後の国語教育を受けた今の世代には歯が立たない側面があるから。そこに微妙な落差が生じるのも時代のもたらすものとするしかない。落差を埋めるには原文に沈思するしかない。

(3) 読み方に出てくる認識の仕方の違い

文明開化で欧米産の「原書」からの翻訳文献が最上位に置かれるのが当然の近代、敗戦を迎えての勝者の文献の翻訳・翻案が当然のこの三四半世紀を経て、ものを考える範型は高等教育を受ければ受けるだけ外来が当然となって、すでに一世紀半を経た。技術系、自然科学だけでなく社会科学・人文科学のすべてに及んでいるのを不思議としない。それをグローバリゼーションと称している。

闘戦経に接すると、その世界観が日本独自の観点から構成されているのがわかる。すでに私たちの思考形態は、欧化のバイアスを疑似的とはいえ自然体にしている。本居宣長は、古代文献である古事記を読むのに、大和言葉の記述自体に即する読み方を求めた。でないと漢意《からごころ》のバイアス越しに読むことになり、「大和心」ないし「古意《いにしえごころ》」の真意の誤読が発生するのを懼れたのである。仏文学の異色の評論家・小林秀雄が晩年に『本居宣長』に取り組んだのも故あること。

この宣長の姿勢は闘戦経の読解にも求められる。従って原文の漢文は元より読み下し文もとっつきにくい。だから碩学・笹森による「翻訳」が貴重なのである。さらに、「大意」そして「解釈」もだ。この貴重な助力あって、現代に棲む世代も、闘戦経の世界に入ることができる。

（R3・02・28）

（十六）我が武は天地の初めに在り

はじめに：冒頭句の重さ

言挙げは重要である。あらゆる書物、書き物は冒頭句が重要である、と先に述べた（七）。20世紀を翻弄させた「共産党宣言」の冒頭は、「ヨーロッパに幽霊が出る——共産主義という幽霊である」。大正以後の日本もいわゆるインテリ・欧化知識人の多くは、日本にも革命は資本主義の歴史的必然で招来するとの幽霊に踊らされたまま、昭和の敗戦を迎えた向きもある。戦後も60年代までは猖獗していた。幽霊ならともかく、実現すると信じ込んでいたのだ。その残滓が日本共産党であり、共産党には入らないがその気分を継承する者は、いまだにゴマンといる。

日本は古代から、言霊のさきはう国と万葉でも詠われているように、言の葉を重んじてきた。「言挙げ」は定義にもなる。注意しないと、上述のように幽霊に絡めとられる場合も起こり得る。ロシア革命後のマルクス学説の異様な普及は、欧化に目を奪われ脚下照顧を忘れて知力が軟《やわ》になった、知的な領域での病理現象であった。マルクスの紡いだ有毒の「言挙げ」に酔わされたから。

この地ならしの上に、敗戦後の「民主化」占領政策が展開された。その理屈は現行憲法の前文冒頭節に明らかである。そして両者は、伝来の日本人の考え方を旧態の思想なので否定されるべき、とする面では共棲・共闘していた。(最近著では、岡部伸『第二次大戦、諜報戦史』の「第9章　対日政策で共産主義者と連携したGHQ」PHP新書、を参照)

(1) 闘戦経の思想は冒頭にある

闘戦経の冒頭は、この抄文の題にあるように、「我が武は天地の初めに在り」とある。武の意味の多義性・統合性を覗うことができる。笹森は、第一章の「解釈」で、この章句は老子のいわゆる「道は天地の始めに在り」に近いという、さらに聖書の一節を引用して、「『元始時に神在り』と述べている」ともいう(前掲『闘戦経　釈義』24頁)。聖書のどこかは記されていない。

キリスト者・笹森の信念では闘戦経の言うところの武は、キリスト教の教義とまったく矛盾していない。そして、この古典を英訳するだけの英語力がありながら英訳に取り組まなかったところに、戦後の精神的状況という制約もあったろうが、先哲の言挙げへの笹森の謹慎に基づく禁欲な叡智を感じる。

笹森は、この書の冒頭に「我武」が明示されていることに満腔の意を表している。なぜなら、笹森の把握している武は、「万物生成化育の原動力」(26頁)だからである。このような把握はいわゆる欧化風の近代化教育の考え方に馴染まない。日本古来の知の深刻な掘り下げから培われた信念を思うから。

(2) 戦後のいわゆる民主主義・平和教育から観ると

「我が武」はいわば唯武論となり、軽薄な平和教育の反極に位置することになった。占領中の義務・学校教育では「武」の要因は極力排除されたのが特質であった。軍国主義の中核をなすものとされたから。講道館柔道は何かがあったのか生き延び得たが、京都にあった大日本武徳会および京都武道専門学校（武専）はGHQの「武道禁止令」により強制解散。財団の資産は没収と息の根を止められた。

GHQの強硬態度に笹森も影響力を行使し得なかった模様である。「竹刀《しない》競技」という妥協形態により、からくも残させたのは、笹森の努力であったという。ここでの占領側の名分は、武道は対日降伏条件であったポツダム宣言にある日本批判の骨子である軍国主義と同類にされていた。

古来の武の思想は軍国主義の一環であるかどうかを問う余裕は、GHQには全くなかった。1945年9月2日の日本帝国降伏調印を知った際の米国務長官バーンズのNYT記者に向けての発言に簡潔に開示されている。

これからは日本人の「精神の武装解除」（spiritual disarmament of that nation）という次の段階（second phase）に入った、と明言している（"The New York Times：1945.9.2"）。武の気性の源泉である武道撲滅の先兵になったのは、文部官僚たちであった。天網恢恢，粗にして漏らさず、で記録に残っている。今日にも継承されている彼ら欧化官僚の軽挙妄動は、和魂不在のインテリ・近現代知識人の有する軽薄な「知」の限界を余すところなく示している。

占領下での以後のこの役所は、次世代日本人を民主化すると言う名分の下にGHQの描く上掲の見取り図「精神の武装解除」方針に従い、古義の生きた「教育勅語」体質を解体・改造する担い手になった。その指針が1947年3月に公布された「教育基本法」であった。その残滓は、役人の本領は「面従腹背」を公然と放言した元事務次官の前川某の言動に出ている。GHQの方針に逆らう可能性のある気骨ある人士は、公職追放されていなくなっていた。

武から距離を置くのが平和を意味することになった。笹森は委曲を尽くして、いわゆる軍国主義と武の思想は違うと伝えようとするが、時勢からすると衆寡敵せず、であった。その釈義から観る限りでは、孤立無援の戦いであったように見える。勿論、笹森は時勢に対峙していささかも怯んでいない。その論述は天晴れそのものである。かかる日本人ありき、を現在の私たちは誇っていい。

(3) 闘戦経の思索と平安時代

闘戦経の思索が平安時代に追求されたところに日本文明の深淵さの自覚の一面を見い出すことができる。私たちの知る平安時代は、世界最古の長編文学である源氏物語や古今集・新古今集の編纂など王朝文学、それは日本語の拡充の営為であり、多くの成果を挙げている。勿論、それ以前の奈良時代の万葉集や記紀の編纂、さらに仏教の受容による成果を糧にしての産物であった。

平安時代の普通に知る華麗な文化的な営みの成果は一見すると軟弱のように見受けられる。だが、その奥深いところで孫子を相手にして真正面から取り組み思索を深めていたところに、この時代の従来見落とされていた日本文明の叡智の発揚や沈潜の一端を観る。自他の違いを通して日本人の自己認識の言葉化を漢文により図る努力を知る。漢化に距離を置く闘戦経の世界観の到達した成果の示唆するものは、従来の平安時代の日本文明史の評価を根幹で変えるような気がする。

(R3・03・02)

（十七）日本人たるを忘れたために

はじめに：日本は敗れたのか、いや！

現在の日本国あるいは日本社会で起きているあらゆる分野での遅滞・行き詰まり諸現象の原因を集約すると、簡単なことである。現在に至る戦後の三四半世紀間についての自己認識に致命的になりつつある誤認があるからだ。

日本国民は１９４５年8月15日に終戦の詔勅を昭和天皇が読み上げた玉音放送を聞き、ポツダム宣言受諾を知った。２週間後の降伏調印式を経て、敗戦国民になったと感じ、敗者の意識が発症した。武漢肺炎のように、この心理は瀰漫して現在に至る。ＧＨＱによる多方面の世論工作、それを民主化と思い込んで宣伝する欧化知識人のお囃子もあって浸透するのに応じて、「日本人たるを忘れていった」のである。その浸透の成果への反発が、１９６０年代末から70年代初頭にかけての大学紛争、という見方もできる。学生は、占領下での民主化を推進した教員らを弾劾したのである。

ポツダム宣言に即して、勝者米国軍の主導する占領下に置かれての諸政策により、着実に敗者意識は徹底化された。その普及に努めたのがいわゆる戦中派知識人であった。国際公法である戦争法に照らせば明確に違反そのものの原爆投下や焼夷弾による焦土爆撃により、壊滅状態になった多くの市街地の現実に直面して、やはり敗者になったのだなと「実感」するのを余儀なくされた普通の市井の日本人を、一概に責めることはできない。

しかし、敵であった米国の当事者は、降伏の調印をしたからといって、日本人が敗れたと思う、とは毛頭思っていなかった。それは、前稿（十六）で紹介した降伏調印直後のＮＹＴ紙記者への米国務長官バーンズの所見、これからは日本人の「精神的な武装解除」が必要、の発言に出ている。ここでいう武装解除とは敗者意識の扶植と同義語である。占領政策の根幹は何かを意味している。占領者のいうところの「民主化」とは、敗者意識の徹底化であったに過ぎない。

この米国の対日政策の主要責任者の発言を、大部分の日本人は選良は言うに及ばず、被占領者であった国民は全く顧慮しなかった。いや、降伏調印直後の発言だから、極微の日本人しか知らなかったであろう。制約の多かった対日講和条約発効後の日本社会でも、だ。バーンズの見解に気づいたのか気づかなかったのか、大部分の日本人は軍国主義の被害者としての自己意識に汚染された、と評していいと思う。制約の多かった対日講和条約発効後の日本社会でも。

現状を観る限り、これは天下の奇観として後世の記憶に残るであろう。この奇観により、日本は敗れたのである。奇観の所以は何か。占領政策の根幹を成している「詭譎」（第八章）を自覚し得なかった。では、汚染され浸透した敗者意識を超克するためにはどうすればいいのか。

（１）終戦の本義を知ることは詭譎を見抜く第一歩

終戦の本義を知るのは簡単である。終戦の詔勅に明示されている。刪修者であった安岡正篤の後日談によると、当時の閣議を構成する者たちの不学による削除で、欠陥部分が指摘されてはいる。刪修されていた「義命の存するところ」が意味不明と「時運の趨くところ」に改悪された。（『安岡正篤と「終戦の詔勅」』ＰＨＰ研究所。２０１５）。結果、「万世のために太平を開く」

の前節が失せた。後に真相を知った閣議を構成していた選良？　の一人法相・松阪廣政は、その場に同席していた元閣僚らを代表して安岡に自らの不明を詫びた。

そこで、真相を知る後世である私たちは本来の詔勅の理義を終戦の出発点にすればいい。そこには、勝者側の言い分であるポツダム宣言をはるかに越える境地が示されている。ところが、2週間余後の9月2日の降伏調印後から始まる占領以後の調教である「精神的な武装解除」の諸政策に、どうやら席捲されてしまった。

さらに悪いことに、1952年4月の対日講和条約発効後に占領政策の遺制である現行憲法を存続させた。「精神的な武装解除」政策を追認した吉田茂・自由党を主力とする「戦後保守」勢力の罪は、現在の日本を観ると重い。万死に値する。その後裔が現在の憲法を基本で容認する既成の与野政党である。

一応、与党である自民党は憲法改正を党是として掲げているものの、連立与党の公明党が消極的なのは広言している。

(2) 詭譎を見抜く知力の劣化

闘戦経第八章は「倭教、真鋭を説く」と揚言する。だから、前文の「漢文は詭譎有り」の批評が活きる。では、真鋭とは何か。「火なる者は太陽の精、元神の鋭なり」（第二十八章）。精と鋭に乏しく鈍磨したために、日本は「守って堅からず、戦いて屈せられ、困《くる》しんで降《くだ》る」結果を招いた。そうした者は、「五行の英気あらざるなり」。敗者になった所以である。従って、勝者の詭譎を見抜く知力は、劣化していた、と評するしかない。一人を除いて。

（3）再生への道／日本人であることの自覚から

自覚は、我が内に本来ある太陽の精の喚起に努めるしかない。「元神の鋭」気に満ちていれば、敗者の選択には至らなかったであろう。なぜなら、相手の詭譎を見抜く力が横溢していたからだ。後世から観ると、戦後この方76年は、敗者になる道を進んでいることが見える。それは俗見では後知恵というが、なるべくしてなる（降る）ものなのだ。軍・官の選良？らは高等教育を受ければ受けるだけ、日本文明の淳粋である「太陽の精」から離れる弊に陥っていた。その後裔が、なんと占領下でＧＨＱの占領政策に追従したのである。ＧＨＱが目論んだかっこつきの民主化教育で再生産されて今日に至っている。

（4）昭和天皇の御言葉の文脈を観る

前掲の「一人を除いて」の一人とは、終戦の詔勅を国民に向けて読み上げた昭和天皇を意味する。それは、その後の御言葉に現われている。新旧の重臣は発言に自己規制を余儀なくされていた。占領軍は天皇を人質にしていたから。

その最初は、１９４６年元旦の「天皇の人間宣言」、本題は『新日本建設に関する詔書』である。天皇は、原案にはない近代日本最初の国是「五箇条の御誓文」を冒頭に掲げた。近代日本の初心・維新の精神に回帰しようと国民に呼びかけたのである。人間宣言という命名はＧＨＱの属僚と日本は敗者と確信する日本人協力者の合作であろう。

次いで公開されたのは、『昭和天皇実録』（第十。２０１７）にある。ここでの記述の仕方は、上段はまともだが本文になる下段の修辞は「戦後風」である。上段は「終戦一周年座談会」とあり、本文は「最初に天皇より日本の敗戦に関し、かつて白村江の戦いでの敗戦を機に改革が行われ、日本文化発展の転機となった例を挙げ、今後の日本の進むべき道について述べられる」（173頁）とある。

ここで挙げた二つの文意、昭和21年元旦の詔書の冒頭に取り上げた近代日本の最初の国是である五か条の御誓文をなぜ再録したのか、さらに終戦一年後の茶会における白村江の敗戦後の史実の意味の示唆にある文意の文脈には米国側の期待するいわゆる敗者意識は無い、と言い切っていい。それを戦後の日本人は無為のために理解できなくなって久しい。

闘戦経の第三章には、知るとは何かを以下のように言っている。

「心に因《よ》り気に因《よ》る者は未《いま》だしなり。心に因《よ》らず気に因《よ》らざる者も未《いま》だしなり。知りて知を有《たも》たず。慮《おもんぱか》って慮を有《たも》たず、竊《ひそか》に識りて骨と化す。骨と化して識る。」

こうした「識る」から無縁になって久しい。

（R3・03・04）

いま、何故、『闘戦経』なのか（補遺）

（十八）修行は平生の不可能を可能にする（補遺一）

はじめに：イースター島の巨石文化とマナについて

3月2日、NHKのBS3チャンネルで、モアイとイースター島の巨石文明について2時間番組が再放映された。高校生の頃、ノールウエイの文化人類学者ヘイエルダールが南太平洋の絶海の孤島イースター島の巨石遺跡と南米先住文明との関連を、当時の船を再現して渡航を試み成功した著作を読んで興奮した（『アク・アク』1957）。その後の知見から彼の仮説にはなかった事実が最新の遺伝子検査から見つかった。台湾の島嶼の先住民がイースター島に到達したのが最初であった、という。この先住民はマレー系の高砂族の分派である。

BSの再放映を見ていて関心を惹いたのは、マナ（mana）が生命力の源泉として肯定的に捉えられているのを知ったところである。アモイ像の目力にはマナが宿り豊穣をもたらす、というような説明があった。神島二郎は闘戦経の中核概念である真鋭をマナと連係させて、集団発狂のような気狂い現象をもたらす（前掲十「問題の提起：呪縛としての玉砕」を参照）との負の意味を印象付けていた。だが、この番組では真逆の意味内容の提示をした。神島のマナを取り上げた最初の著作がNHK出版であるのは、意図せざる皮肉である。

最初にマナを見出した宣教師で文化人類学者ロバート・ヘンリー・コドリントンの記述では、ミクロネシアの人々はマナと言う表現に一種の超能力的な意味合いを含めていたらしい。だから、豊穣をもたらすと信じていたのであろう。神島の見方は全く間違いとは言い切れないものの、欧化近代心理から来るいわゆる「未開」への高みからの偏見がある。こうした誤差は何から生じるかを、それなりにおおよその輪郭を掴んでいないと、闘戦経の到達した認知力を妥当に把握し評価するのは難しくなる。

（1）修行は平生の不可能を可能にし、視座を拡げ深める

レスリングで五輪選手のメダリストの女性が試合に際して勝負顔で人相が豹変し猛獣の目つきになる。試合に臨んでいると、相手がどう出てくるかが予め観えると語っていた。王貞治は、投手の投げるボールが止まって見えると言った。合気道の開祖・植芝盛平は、ピストルから発射された弾丸が観える、と。闘戦経を取り上げた剣道家でも一刀流の大家であった笹森は、このような常人ではありえない観点から、随所で得難い解説をしている。字面から解釈しようとすると浅くなるのは止むをえない。紙背にある世界を想定するから、こうした認識による解釈を「釈義」としているのだ。欧化風の認識手法に慣れ親しんだ者にとっては、「釈義」という表現そのものに抵抗を感じるだろう。義という用語にはすでに価値性が反映しており、その先入観が説明に反映されるところに、どこまで客観的な妥当性があるかという相対的な場からの異議が発生するからである。

（2）認識に飛躍はあっていい

言葉では説明しきれない認識世界が広がっている。その広がりは際限がない。どこかで思い切りが求められる。だから、この小見出しのように、逆説めくが「認識に飛躍はあっていい」のである。飛躍があって初めて観えてくる世界がある。ここで注意しなければならないのは、この飛躍を許す見地には自明の前提がある。現実には飛躍はない、ということだ。それを踏まえての認識での飛躍は、認識者の器量にもよるが、行き詰まりに来ている現実、打開が求められている現実を切り抜ける道を示唆してくれるかもしれない。

武漢肺炎の蔓延により閉塞状態にある現在の日本は、明々白々に危機にある。しかもこの危機の現実はこれまでに前例のなかったものだ。ということは既成の回答はどこにもないことを覚悟しなければならない。処方箋に条件なり範囲なりの制約はないから。３６０度の視界に立ちすくんでいるようなものだ。だから態度として、「認識に飛躍はあっていい」と言えるのである。そこに思いがけない見地を見出すことが出来るかも知れない。

（3）闘戦経の認識世界は戦闘ないし戦争学である

従って、闘戦経はこうすれば敗れないで済むという、摂理を伝えている。著者？　の闘戦経を収めてある箱の上書きには孫子との併読を勧めているところに明らかである。ということは孫子の効用価値は自明の事柄であった。だからと言って、孫子の諸命題に呑まれ無いように神経を用い用心深く距離を置いている。下手に呑まれるとやがては自己の一体性（アイデンティティー）を失い、破綻し敗れるのを予知していたからである。孫子の掴んでいる原理原則を越える境地を確保しているのだ。

躍進する中国経済が数字の世界とは言えGDPで日本を越えてからの、日本の政経人の目先を追う軽挙は露骨である。その底意を見ての日本への軽侮の応接に公然と反発し自立の在り様を示しているのが、現在のところ日本共産党の志位委員長の発言しかない惨状である。今の日本は戦わずして敗れている。敗者になるべく遁走している。これは三四半世紀の間、戦闘は勿論、戦争から隔離されて過ごしてきた負の成果なのだ。戦うとは何かを忘れての「戦後」であった。闘戦経とはまったく無縁の世界に身を置いて不思議としなかった。

(4) 戦争学と無縁の戦後を奇貨とするために

近代日本の戦争学は日本の敗戦により破たんした。それは日本学のジャンルに入る戦争学ではなかったから。意志としては扶植に努めた欧化の浅学に敗れたのである。本来、孫子から学んだといわれているヨーロッパの戦争学の古典であるクラウゼヴィッツの戦争学などを含めて、学としての戦争学は総合学であった。クラウゼヴィッツは戦争は政治の延長と明記している。外交の延長に戦争がある。戦争は外政の一環なのだ。文民統制の所以である。

昭和の戦争における統帥権と国政の分化・分裂による戦争経営は、日本近代の実学としての戦争学の受容の浅薄さを示している。敗れるべくして負けたというしかない。それは、『統帥参考』(1932年)の論理に出ている。76年の戦争との無縁を奇貨に出来るか、で日本の未来は決まる。

幸いに、日本の武道では常在戦場を自明としている。考え方は同じではないものの、「非軍事の戦争」をいう超限戦が提示されている。ここに提起されているのは、戦闘なり戦場は兵士が武器をもって前線で展開するものに限らない指摘である。そして、実際に日本にも向けて展開しているのだ。その事実を

確認するか否かで、勝敗は決まるであろう。そして、緒戦で日本はすでに敗れている。（R3・03・06）

（十九）近代日本戦争学の反省（補遺二）

はじめに：大東亜戦争への昭和天皇の反省

１９４５年8月の日本の終戦について、最も重圧のかかったのは昭和天皇であろう。陛下は元首であるのと、憲法の条文に「天皇は陸海軍を統帥す」（11条）と記されているように最高統帥権者でもあられた。外政も戦争も天皇の御名において遂行された。ここに「天皇の戦争責任論」発症の由来がある。今日では定説になっている敗戦を意味するポツダム宣言受諾の可否は、統帥部と国務の責任者の集う御前会議ですぐに決着しなかった、衆議一決に至らなかったのは、当然である。フィリピンなど太平洋の前線では散発的とはいえ、まだ死闘が繰り返されていた。兵站の失せた日本軍に、物量で圧倒する米軍は残敵掃討でしかなかったが。日本軍は戦法にもならない玉砕を繰り返した。兵士の戦意は挫けてはいなかったのは、米軍の記録に記されている。

首相鈴木貫太郎は、曲折を経て帝国憲法の条文や慣例では「超法規的」な措置である陛下の裁断を求めた。世に「ご聖断」として流布されているが、これは当時の最高指導層の責任放棄であり、後世のものてはやす向きには違和感を生じるのを抑えることができない。

戦勝国によるナチスの戦争犯罪を裁くニュールンベルク裁判が始まると、日本でも占領軍は裁判の設置を決めた（１９４６・01・19）。極東軍事裁判（俗称・東京裁判）である。そこでの暗黙の争点は、天皇を喚問するかどうか、であった。ここに簡単にはいかない前提があった。今はほとんど忘却の彼方だが、ポツダム宣言の受諾に際し日本側は公式に一つの条件をつけていた。無条件降伏ではない。「天皇ノ国家統治ノ大権ヲ変更スルノ要求ヲ包含シ居ラザルコトノ了解ノ下ニ受諾ス」と連合国側に8月10日に通告している。勝者による不同意の答えはない。

米国務長官バーンズは、すでにポツダム宣言に含まれている、と応えている。この含意は実に微妙である。日本側に下駄を預けているからだ。だから、勝者側の方向づけは、先に引用した9月2日の日本降伏の調印が終わっての、NYTの記者への応え（前掲（十六）（2）を参照）が出てくる。占領下での第二の戦争での目的を達成するために全力を尽くす決意表明である。俺たちはこうする、お前たちは抵抗してやれるのならやってみろ、という戦闘宣言である。

日本人に向けて、「守って固からず、戦いて屈せられ、困《くる》しんで降る者は、五行の英気あらざるなり」を突きつけたのであった。バーンズの態度は明快である。ベトナムのベトコン、今時のアフガニスタンのターリバーンは、米軍に対して「困《くる》しんで降る」のを拒んだ。そして、20年経ってから追い出した。

占領下に置かれた選良？　は虚脱したのか、GHQによる降伏に乗じた専横に対抗する気力を喪失して、相手のペースに諾諾となっていた。非公式に天皇の出頭可能性をチラつかせた取引材料が、現行の「平和」憲法の主権のない国会通過である。

出頭可能性に備えたのが、以下に紹介する『昭和天皇独白録』である。目的が明快である以上、バイアスがあるのを読み手は理解する必要がある。最近では、偽書という説も出ているが。

（1）昭和天皇が公表する腹を括った上での敗戦の原因

〈敗戦の原因は四つあると思ふ。

第一、兵法の研究が不十分であった事、孫子の、敵を知り、己を知らねば百戦危ふからずといふ根本原理を体得してゐなかったこと。

第二、余りに精神に重きを置き過ぎて科学の力を軽視した事。

第三、陸海軍の不一致。

第四、常識ある主脳者の存在しなかった事。往年の山縣〔有朋〕、大山〔巌〕、山本権兵衛、と云ふような大人物に欠け、政戦両略の不十分の点が多く、且軍の主脳者の多くは専門家であって部下統率の力量に欠け、所謂下克上の状態を招いた事。〉

『昭和天皇独白録』「敗戦の原因」文春文庫　99頁。

＊昭和二十一（一九四六）年三月頃の記録という。

この4項目に要約された独白は肺腑をえぐる内容である。前掲（補遺一の末尾）のように、昭和の戦争指導をした統帥部の見識がどの程度のものであったかが赤裸々に示されているからだ。

では、昭和になって急にそのような状態になったのか。どこかに起点があるはずだ。そこを見極めないと昭和の破綻は鮮明にならないと思う。それは、近代日本が本格的に近代戦に臨んだ日露戦争の総括の仕方に出ている。

(2) 日露戦争の総括の仕方/隠蔽の始まり

『日露戦史編纂綱領綴』添付「史稿審査に関し注意すべき事項」要旨

〈①軍隊又は個人の失策に類するものは明記すべからず。

②戦闘に不利を来たしたる内容は潤色するか真相を暴露すべからず

③戦闘能力の損耗もしくは弾薬の欠乏の如きは、決して明白ならしむべからず

④司令部幕僚の執務に関する真相は記述すべからず。〉

前満洲軍総司令官・参謀総長・陸軍大将　大山巌による同上綱領に、

参謀本部第4部長・大佐　大島健一が同上注意事項を指示した。

＊明治三十九（一九〇六）年二月

原文は防衛省防衛研究所図書館にあるらしい。閲覧した記者が記している。読売新聞?私は、大正から昭和の敗戦に至る発端はここにあると腑に落ちた。

へとへとになり戦争継続は無理と満洲軍の総参謀長になった児玉源太郎参謀副長が桂首相にせっつく末期の事態を経て、僥倖の講和に至った史実を、もし大島が注意した逆の「真実」の戦史を残し公開する勇気があったなら、大正・昭和史は別の軌跡を経たであろう。少なくとも1945年の惨たる敗戦は曲りなりに経なかったと思われる。（以上の二つは、別著『中国という覇権に敗れない方法』の扉に紹介した）

(3) 他の参考事例の紹介/明石元二郎の欧州諜報戦記の一端

欧州に一人で第2戦線を構築した?　明石の戦記『落花流水』は長らく秘匿され、陸大の進学者だけ

の閲覧であったという。ここには、英国のインテリジェンス機関による協力は一切記されていない。超人明石の活躍がことば少なめに記されているだけ。自分で作ったパリのホテルにある事務所は、隣室はロシアと同盟関係にあったフランスの情報機関が借りて、ロシアの諜報機関ロシアのオフラナに、その動きの一切は筒抜けだったなど、明石は知らない。

この手の話題は切りがないので、一先ず已める。まだまだ知るべきはごまんとある。学べば朽ちず。直近の風潮・思潮に危うさを観るのは私だけではないと思う。歴史は繰り返す。一度目は悲劇として。二度目は喜劇として。この喜劇に、私たちは観客ではない。先回と同様に舞台に登場するのだ。

（R3・03・14）

（二十）本来の日本人の心の持ち方（補遺三）

はじめに：昭和天皇の戦後のお気持ちの在り方を問う

日本帝国が1945年9月2日に東京湾に停泊する米戦艦ミズーリ号の甲板で行われた降伏調印式で調印して以来、天皇は陸海軍の最高統帥権者の立場から実質では虜囚の人となった史実の意味するものに、この三四半世紀の日本人は突き詰めて考えてこなかった。それのみか、米国配給の現行憲法第一条に記された「国民統合の象徴」という曖昧な表現をなし崩し的に受け入れてきた。「絶対王政から民主化へ」というGHQ作の政治神話は、亡霊ではなく生霊として今も徘徊している。

主権在民の憲法の法理の根拠を遡及するから、終戦を公表した「8月15日は革命を意味する」という倒錯論理を丸山真男は案出した。東京大学法学部教授・宮澤俊義は学説化しこじつけてきたが、今はこの擬制は破綻している。常識さえあれば当初から破綻していた虚妄だった。その虚妄に賭けると公言した丸山は、その途端に占領という国際政治のリアリズムの世界でピエロになったのに気付いていたのか。多分、気付いているから、自嘲的な虚妄という表現を用いたのではないのか。

現行憲法発布の式典が1946年11月3日に皇居前広場で両陛下も臨席の上に挙行された。10万人が参加、万歳を繰り返したらしい。主権喪失下でのこの茶番は、大部分の日本人はまじめに受け止めた模様である。それは、天皇がよしとしているから。ボタンの掛け違いが占領側の意図の下、被占領側は唯々諾々と展開していたのは、現在だから公然と指摘できる。公的な世界は、当時の万歳を叫んだのは一種の酩酊状態で、現在もそのままにいる。

当時の昭和天皇のお気持ちが奈辺にあったか。GHQの指揮棒に公然と異を唱える余地はなかった。米国務長官のNYT記者への言明、「日本人の精神的な武装解除」（十六 ⑵を参照）は、工程表に基づき着々と進行していたから。新憲法の発布もその一環であった。路線が確定され、虜囚はそれに沿って動くしかなかった。すると、側近である首相・吉田茂の講和条約の推進はともかく、主権回復直後の無為の罪は重い。

この補遺で、公開されているものから昭和天皇のお気持ちや気構えを明らかにしたい。でないと、皇居前広場に集められ仕掛けられた民主主義万歳の都民と同じであった、という戦後の憶説をそのまま継続することになる。

(1) 昭和天皇による占領下への気構え

皇室の風儀である雅《みやび》は、昭和の戦時色が濃厚になってからのいわゆる官製「軍国主義」とは異質であったのは、現在では大体のところ国民は気づいている。しかも、みやびは怯懦を意味するものではない。ここを現代の日本人は、占領中のGHQ民政局教育課の主導に原型のできた「教育基本法」に基づく戦後・民主教育で育成された結果、自分の帰属する文明の本質を継承する機会を蹂躙されたために、観えなくなって久しい。

今の萩生田文科相の歴史教科書検定に際してのちぐはぐさは、民主教育で育った典型である。判断基準が無いか貧しいのは、その動静に明らかだ。闘戦経に「壮年にして道を問う者は南北を失う」(第十章の一節)とあるが、彼は自分の歩む道を知らない。年齢から見て、よほど自覚しないと手遅れであろう。

敗戦直後という状況で皇室による日本文明の継承の営為に怯《ひる》みのないのは、昭和21年という降伏して半年も経ない時に、歌会始めの儀式は中止を余儀なくされたものの、今は御題という勅題は「松上雪」で残されている。御製は、遅れて10月に公表された。ここに陛下の宮中行事の継承の意志の深さを観ることができる。

ふりつもるみ雪にたへていろかへぬ松ぞををしき人もかくあれ

前掲の「日本人たるを忘れたために(十七・最終稿)」の「(4)昭和天皇の御言葉の文脈を観る」で取り上げた三つの御言葉を貫く姿勢は、この御製に直截に出ている。それを素直に受け取れないのは、敗戦後遺症というしかない。この御製を詠んだ際の陛下の後ろ姿を想う。戦没者三百万余の背中に被さる重圧を想う。終戦の詔書にあった「五内為《ごないため》ニ裂ク」心境であった、と拝察する。陛下のご軫念(憂心)は、伝わる者には伝わっていた。

（2）何故重圧に耐え得たのかを拝察する

常人ではこの重圧に耐えうるものではない。にもかかわらず、天皇は対日占領軍最高司令官マッカーサー元帥と直接に交渉し、戦火と復員、引揚者の受け入れで混乱し、打ちひしがれている国民と接するべく地方巡幸の挙に出られた。

当初は米軍の兵士がガードし、不測の事態に備えた。しかし、それは杞憂に終わった。むしろ、あまりの熱狂した歓迎ぶりにGHQは「民主化」に逆行と懼れ中止になった。そのきっかけが広島での巡幸であったところに、GHQの対日認識の致命的な誤認がある。

広島での集会場所は、原爆投下で失せた護国神社の跡地であった。昭和22年12月のことである。そこに数万の庶民が参集して、天皇陛下万歳を叫んだ。護衛で随行していた米軍関係者は慄然とした。次の岡山をもって中止になった。再開したのは、一年半後の昭和24年5月の福岡県からであった。天皇による執拗な再開意志にマッカーサー元帥が負けたから。GHQは日本人の国体意識というか尊王の心理を読み違えていた。尊王心を高見から未開意識ぐらいに日本文明を見下ろしていたのである。

国民にある尊王心を虚心に受け止める天皇という御位の持つ重みは何に由来しているのか。有史でも千数百年に及ぶ天皇祭祀の積み重ねなのである。「気なるものは容《かたち》を得て生じ、容を亡《うしな》って存す」（巻末闘戦経・笹森順造釈義による第十四章の一節）。祭事に奉仕するには次第という形式はあっても、降神という重事に仕えるには気を集中しなければならない。昭和天皇が祭事を重視されておられたのは「昭和天皇実録」の記述にも明らかである。政教分離下の今の国家公務員である宮内庁職員は知らず。

それを背景にしての骨肉化している御振舞いに、国民は感じ入っていたのであった。「胎に在りては骨先ず成り、死に至りては骨先ず残る」。「その骨を実にす、と」（第六章の一節）。伝統という営為は一朝一夕にはできない。陛下の重圧に耐え得た背景に生きていたのは、我が身にある骨の自覚であったか。

（3）未曾有の敗戦を亡国にならず切り抜け得た精神の回路

私たちの帰属する日本文明は、多くの先人たちの神事を重んじた孜々《しし》（熱心に怠けず真面目に取り組み続けるさま）とした道統を受け継ぎ積み重ねあって現在に至っている。要は、それに気づくか否かだ。日本人は普段は忘れてしまっているように見えても、思わぬきっかけで活火山になる。そこに至る前に気づいた者は精進して時機に備えておきたい。

（R3・03・10）

（二十一）時機に備える工夫を考える（一）（補遺四）

はじめに：近現代の軌跡を清算する時期にある

本稿は、闘戦経という日本人による戦争学の古典を取り上げて、その内容にある本義や周辺を取り上げている。提起の背景は、現在の日本を取り巻く安保環境と無縁ではない。四海、波静かではなくなっているから。

幕末、日本近海は北はロシアの南下、太平洋からは南北戦争を終えた米国、南方洋上からはインドを抑えアヘン戦争で清国を降し香港を得た英国、インドシナを占拠したフランスなどの軍船が開国を要求しているにも関わらず、見ないフリをして当面の処理をしようとして、やがて、辻褄が合わなくなって大政奉還を経て、明治維新を迎えた。近代の始まりであった。

日本の近代の実績は、敵の武器の習得を短期に達成し得たから。限られた時間での目標達成のために移植し習得する科学技術、制度などの文物を、一歩距離を置いて我が内面で成熟させる余裕はなかった。その弊の集大成が、維新開国1868年から三四半世紀後の1945年秋の降伏である。欧米及びそれに追従した勢力を相手に戦い敗れた。敗れるはずである。作戦・戦闘の仕方まで移入教材通りを特徴としていたから。自前の創作を展開する余裕は無かったのだ。

降伏後は近代の軌跡の全てを批判の対象にするのを戦勝国側から求められた。文明社会の問題児としての総括こそが大人ないし成人になる理由にされた。真実は、当時のグローバリゼーションであった欧化という活動において、あまりに優等生であったに過ぎない。問題児視の文辞の要旨がポツダム宣言であり、それに基づく現行憲法なのである。では、この近代最後に与えられた弊風からどうすれば脱却できるのか。

戦後の三四半世紀はひたすら近代の軌跡への反省の期間にされたのであった。勝者は臆面もなく民主化を名分にして反省を強要し扶植に努めたのは、すでに各編で記述した通りである。この強いられた「共同幻想」ないし「疑似環境」を解消する時期に来ている。近代と同じ期間を反省に費やしたものの、自前の問題意識による近現代の一世紀半の軌跡を清算する時期にある。この過程に自ら取り組まない限り、この編の主題である「時機に備える工夫」に着手できない。着手できないとは、日本人としての自らとは何かに不明のままになる。

(1) 本物の強者のみが自立した批判精神を保有できる

今の日本と日本人に求められているのは、近現代・一世紀半の欧化という基調の克服である。この知的な総括を経ない限り、日本文明の名誉の復権はありえない。勝者という他力による近代日本の総括を甘受したのが、この三四半世紀の自虐という病巣作りの力学であった。この思潮に一見すると竿さしたのは作家司馬遼太郎による史感(観)である。明治の開化をもたらした精神は瑞々しかったが、昭和に至り、なぜか変質したという。坂本竜馬の精神が劣化したと言いたげのようである。この考えの基調は連合国による勝者史観でしかない。

司馬史感はポツダム宣言史観と同棲するところが多い。戦中派のミクロの個人的な体験がマクロの史観で勝者と同衾することに違和感をもたない劣悪さの由来を見極めないと、近現代日本の一世紀半の総括はできっこない。このような軟な心理では近現代世界を作り上げた欧米・the West に対峙しての、日本文明に立脚した自前の存在理由に基づく自己確認はできない。

いまのままの自文明への不信では、やがてシナ世界の傘下に生き永らえるしか選択肢が無くなる羽目になる。不信の由来が自前の批判精神に基づいていないからである。他者の提供に従うのを果たして自前の思索を経た知と呼べるのか。本物の強者のみが自立した批判精神を保有し、自己批判も可能になる。それは、敗戦後の占領中に大手を振った誇るものなしの日本文明批判に基づく自己否定ではない。

(2) 日本文明の名誉を恢弘するために

日本文明は強大な帝国に対峙して徒らに屈従するのではなく、稚拙な工夫の試行錯誤を重ねてなんとか自前の活き方を模索してきた。この健気の在り方を模倣と看做すのは当事者意識がないからである。

この種の批評は相手にするに値しない。先ずは先進と見たものへの真似ようとする意志あって創意工夫は始まる。

近現代一世紀半を俯瞰すると、多くの試行錯誤があってもその渦中から日本文明が我がスタイルを再形成する準備運動であったと看做せる。それは古代史でのシナ大陸の「高度」文明と接触した過程での、自覚した指導層の営為を観るからだ。その営為の根底に作用する意志を見出せると、日本近現代史の一世紀半の軌跡の評価でも、現行のそれとは違った容貌を見出すことは可能である。その意志は、先帝・平成天皇の2016年8月8日のビデオを用いた談話の基調に提示されている。そこで二度用いられた伝統という表現に注目する。

こうした評価の試みは、近現代のうちとくに近代日本の軌跡における名誉を恢弘《かいこう》するために必要なのである。

(3) 神州清潔の民の自意識を取り戻す一つの回路

近現代の日本の軌跡を肯定的に把握することは裏付けのない気負いではない。現行の近現代史観の不健康ぶりは原因がある。自文明に否定的な見地の誇示では近代でも戦後史でも一貫しているからだ。

古来、日本人は清浄であることに殊の外気を使った。それは水の扱い方に出ている。仏教が伝来する前からの在ったと思われる水を用いた行の形態に出ている。禊《みそぎ》と祓いは神道の中核である。キリスト教も含め古代の信仰はどれも水を重要な要因にしているのは、精神の持ち方に水行は大きな影響力をもたらすからであろう。これは体験者にしかわからない。

近代に入り神社神道は水行から距離を置いて形骸化したのは否めない。日本の山々の幽谷には水行に適した滝が多い。滝行に身を入れると、普段は決して見られないものが観えてくる。清潔の民の実感への一つの有力な回路でもある。そこに研ぎ澄まされる精神の在り様には、闘戦経の重視する「真鋭」に近接するものがあるような気がする。

（R3・03・11）

（二十二）時機に備える工夫を考える（二）（補遺五）

はじめに：行を通しての認識／近代以前の日本人の修学スタイル

いわゆる座学は文字を通して知る方法である。最澄と空海の決裂に至った空海の書簡の一節には、「秘蔵の奥旨は文の得ることを貴しとせず、唯心を以って心に伝ふるに在り。文はこれ糟粕なり。文はこれ瓦礫なり」とある。ここには学びとは行そのもの、との断定がある。空海の密教が新鮮な衝撃を既成仏教に与えて、その営為あって行としては禅が鎌倉時代から普及した。空海の学びへの上掲の姿勢が当時の向学心ある者に与えたものは評価しきれない。

こうした在り方は闘戦経の記述内容にも色濃く出ている。知るは行いの始め、行いは知るの始め、である。文字を通しての「理解」は半面に過ぎない。行を通して観える世界は、文字を通しての認識の世界と違う。違うだけでなく、ものによっては浅学に陥る羽目になる。空海が喝破したように「文はこれ糟粕なり」でもあるから。

日本人は元来から観念を先行するより、行に親しむところがあった。これは気質の問題のような気がする。

（1）陽明学の知行合一が日本で普及した背景

幕末の行動家には陽明学に心服した者が多い。著名人では吉田松陰や西郷隆盛である。その行動は稚拙であったが大塩平八郎も陽明学徒であった。それは陽明のいう、知るということは行いが伴って知ることになるという命題・知行合一が、元来の日本人の感性に馴染みやすかったからと思われる。

徳川時代の初期にその生き方で図らずも日本儒学を築いた中江藤樹は、その生き方で格言としての知行合一を示した。当初は当時の主流であった朱子学徒であったが、徐々に陽明の学説に魅かれていったのは自然のような気がする。

周囲は、藤樹の生き方から自ずから感化されて知行合一を我が物とした。誤解を招く恐れもあるが、藤樹の個人観や処世観の深さは明治開化の欧化知識人が触れ回った西欧産の個人主義など皮相そのもの、個の徹底を展開している。徳川体制の骨格であった士農工商の身分制など、藤樹の存在観ないし人間観からすると歯牙にもかけていないことがわかるから。百万人といえども我往かんの気象が横溢している。

小林秀雄は『本居宣長』で藤樹の発想を戦国時代の下克上の残映という見方を提示していて、説得力に富んでいる。だが、藤樹が突出していたと観るよりは、そうした考えを受け入れる社会意識が戦国以前、元来から日本では潜在していた、と観た方が妥当のようだ。これは私の場合での藤樹の著作の読み方から、必ずしも小林のいう下克上の指摘に同調しにくかったからである。それは、ここでの主題である闘戦経が平安時代の作品だとしたら、そこに提示されている当事者責任を当然とする個の峻厳さは尋常ではないことに気づくからだ。

近代の開化知識人も徒らに欧州産の概念を直訳して崇めるのではなく、藤樹の主要作品を読むぐらいの脚下照顧の常識があれば、たとえ欧化に依存し是として移植を優先するものであったとしても、福澤諭吉の突出を例外として日本の近代思想の営為も、もう少し潤いというか幅を持ちえたのであろうに。

（2）笹森の釈義に観る認識の凄さ・再論

笹森の釈義は、既往で度々触れている（例えば「十五（2）闘戦経の取り組み方」など）が、剣道を通じて把握した認識に加えて英語が堪能なところからの当該分野の知識に加えて、日本文明にも通じさらにシナ古典にも通じている様子は、本文の「解釈」に覗える。孫子を相対化し得ないでは、闘戦経の特質を鮮明にできないから。

東西の比較思想のおおよそが「戦闘」ないし「戦争」学に特化して追求できるところは余人にはなかなか叶わない。しかも、日本近代の総括でもあった1945年の敗戦に至る軌跡に痛恨の思いを抱いているところから来る記述が、後世の読者にとっては哀切を伴い意味あるところである。＊そうした見地は、既往の『近代日本戦争学の反省』（十九・補遺二）から当然出てくるべくして出てくる。敗者になってしまった日本の軌跡から何を学びとるか、笹森も釈義で後世の読者に伝えたかったのはそれに尽きる。

闘戦経という得難い戦争学を戦争学では世界の古典と評される孫子を意識しつつ切り拓いておりながら、なぜその到達していた境地を近代日本とくに昭和の戦争は活かし得なかったのか、一体、昭和の将帥は何を学んでいたのか。笹森は、惨たる敗戦に接して痛恨の極致に達していたものと拝察できる。なるがゆえに笹森の闘戦経各章の「解釈」の修辞は釈義と評するのが妥当になる。

欧化の移植の仕方に問題はなかったのか、そこに醇乎《じゅんこ》たる日本人としてのあるべき姿勢が確立しておらず、とにかく「追いつき」移植を最優先する余り、その過程で我を失うのも気づかない羽目に陥っていたのではないのか、と笹森の「解釈」は紙背で主張し続けているように思えてならない。

＊某剣道家が、晩年の笹森が武道館で竹刀をもって屹立《きつりつ》している姿を望見したことがある、と著者に述べた。老人であったが、オーラを発して周囲を圧していたと。

（3）統帥部を構成していた将帥の意識水準

統帥部側が国務と統帥の分化・分裂を助長する展開になった弊の由って来る所以は、先進と判断して仰いだモデルに問題があったのは、陸軍大学校の編纂した『統帥綱領』（現存する1928年（昭和3年）の二次改訂版＊）を読むとわかりやすい。ＧＨＱのインテリジェンスが軍国主義の有力な文献と看做したのは当然である。むしろ、その弱点を明らかにすべきであったが、その知的な余裕はなかったのか。それは、上意下達はあっても民意である下意のくみ上げの意味付けが高級将帥には不明であったのが明らかだから。昭和天皇が昭和21年元旦の詔書で近代最初の国是、五箇条の御誓文を冒頭にもってきたのは、維新の初心を喪失した国家経営、そのあげくの戦争指導への痛恨の思いの例証であった。冒頭にある「広く会議を興し、万機公論に決すべし」が死文になっていた。

＊敗戦決定後の参謀本部がいかに文献資料の消滅を図り、それも徹底化していたのは、この事実からも窺える。後世に残すという見地は働いていなかったのは明白である。

（R3・03・16）

(二十三) 時機に備える工夫を考える (三) (補遺六)

はじめに：現在日本で「精神的な武装解除」の意味しているもの

影響力のある国家が存続するには二つの領域か条件を必ず用意している。その一は、戦争についての知識を国家経営を担う選良が共有していること。従って、独自の古典ないし書を有していること。その二は、戦いに従事する者、文武双方を養成する学校を用意いていること。記憶の継承が公的に行われる。日本は1945年9月の降伏調印により占領下に置かれた結果、上記の二つの領域は徹底的に削除された。制度的にも精神的にも、だ。日本帝国の降伏調印を聞いた時の、当時の米国務長官バーンズの発言・以後は「精神的な武装解除」(「十六 (2) 戦後のいわゆる民主主義・平和教育から観ると」を参照)は正直であり、占領行政はその意図に従い着実に遂行された。率直に言って、この素裸の状態をいかにもオブラートに包んで大丈夫のように見せた詐話そのものの文辞が現行憲法である。*

憲法の条文が一国を守ってくれるのならこの項の前段で記した二つの要件は不必要となる。そうした在り得ない想定を唯一の同盟国である米国も、不都合な事態が起きると多少の注意喚起を促す程度である。

当面は尖閣があるので軍事的な牽制に血道を上げる中国は、自分の都合上から、日本政府の安全保障上の取り組みに対し、時に日本軍国主義復活を喧伝する。自分の軍拡には澄ましているにも拘わらず、だ。「精神的武装解除」政策は今も継続し、日本国及び日本人の存続にとっては致命的な宿痾《しゅくあ》になっている。

*明文法では不十分な立憲君主制にもかかわらず、皇室から憲法に記されている基本的人権を最優先する動きが出

てきても、誰も制御できない。当人自身が人権を最優先し、皇室を構成する不文法の世界を知らないから。米国の占領政策の意図の成果が着実に出てきている。

(1) 戦後政治で軍事的な素養は選良の必須の条件ではなかった

安全保障問題や軍事学に関する素養は一国の選良にとっては必須の条件であるのが国際常識だが、日本は違う。取り上げるだけで、長らく好戦的と看做されてきたのがこの半世紀以上の日本であった。しかし、日本に隣接するロシア、中国、米国は核大国である。北朝鮮は貧者だが新入りの核保有国である。ミサイルの開発にも熱心である。各国とも軍事学・戦争学については必須の課題である。広島・長崎の被ばく体験は、日本の安保体制に何らの寄与はしない。対日核使用の抑止力にならない。唯一の被爆国が抑止力になると思うのは9条護持と同じく自慰の夢想である。

自衛隊は9条の拘束があるかぎり戦力ではない。戦力でないばかりか「交戦権」を放棄しているのを条文に記している面妖さである。占領者・米国がいかに念入りに主権回復後も視野に入れての、日本及び日本人の心理的な武装解除を意図していたかが明白である。「同盟」の異様な偏頗性に気づくべきだ。自衛権があるからと言うが、だから合憲というのは、無理な言い分である。

このような法制環境下にあって、軍事的な素養は選良の必須の条件になり得るはずもない。だから10年前の東日本大震災での福島原発災害は、いわば有事の事態であったにもかかわらず、当時の民主党政権の首相菅直人は、福島原発の実状を一切、防衛相には伝えなかった。首相の有事意識の程が知れる。

このとき、官邸に連絡官を派遣し事態を制御していたのは米国であった。閣議にも参加していたらしい。日本政府には最悪の想定が無かったから。米国は在日米国民を放射能汚染から最優先して守らねばならない。同盟国だと言っても、優先するのは自国民であるのは、２０２１年８月30日に撤退した米軍による最近のアフガンでの、カブール国際空港での動向に出ている。実際にはアフガン政府の崩壊についての想定が狂って、相当数の米人が残留している模様だが。

有事という危機を管理するとは、主権を守るという前提がある。福島原発被害での当時の日本政府の指揮塔であった官邸を構成する民主党政権の選良ら？　には、主権についての共通認識はあったのか。事故発症元の東電には社内で起きている現実に対し、そこまでの危機意識はあったのか。米国が官邸内に福島の原発事故の危うい展開可能性を恐れて介入して取り組んでいることを、どこまで知っていたのか。事故後10年を経て、主権という観点から見ると信じがたい現実が露呈している。これも占領統治での意図した「削除」の遺制が主権回復後も生きている証明である。これで回復と言えるのか。

（２）軍事学も必須の素養になりえない現実

国家国民の安危に関わる安全保障分野では、基本的に与野党の対立はないのが議会制政体の在り様である。日本では与野党には隔絶した距離がある。争点になっているのか、憲法解釈問題に出ている。この距離は、有事に際して挙国体制を執ることができずに国難を招くことになる。連立与党内でも落差がある。軍事研究に大学が関与することへの連立与党の消極的な態度を見よ。また、自党の足下を喪失した媚中の醜態を見よ。

こうした現実を背景にして、官公立私学を問わず、大学では軍事研究はタブー視され授業科目もほとんど無きに等しい。幼少期より有事とは何か、は台風の災害か地震、津波という分野に限られ、外国が攻めてくる可能性の想定はハナから無いと思っている。それを伝えるのが平和教育だと思い込んでいるから。

(3) 有事・安全保障分野の本質は常在戦場

国事に関わる安保分野の三四半世紀の調教の成果は、奇形国家日本とそれに違和感を基本的に抱かない国民を産み出した。現行憲法を平和憲法と称揚する「愚者の楽園」の裏面に何があったのかの妥当な歴史認識が求められている。これは解釈の問題ではなく史実領域である。その認識に立つと異様な日本政治の実状が観えてくる。国家の運命を担う選良らの不見識は亡国への歩みを意味しているのだ。

国家経営に安全保障の観点を欠落させて不思議としない選良を国政に選出させるのは選挙民である。普通の市井の人々である。いざという有事の時には、税金を払っているのだから自衛隊員に守ってもらう、または、思いやり予算で米軍に大枚な駐留経費を支払っているのだからと当てにしても、それでは済まないのだ。アフガニスタンでの米軍撤退を日本に想定すると、有事の際、米軍基地から兵士だけでなくその家族も連れて、飛行機でさっさと帰国する想定が浮かんでくる。

本来の選良に求められる姿勢は「常在戦場」である。国事に従事する以上は当然の常識だ。だから、J・F・ケネディが大統領の就任演説で米国民に求めたように、

〈わが同胞のアメリカ人よ、あなたの国家があなたのために何をしてくれるかではなく、あなたがあなたの国家のために何ができるかを問おうではないか。〉

の格調の高い要請ができる。権利よりも義務に基づく奉仕を、と。この提唱も、彼が常在戦場の意識で大統領を受諾したからこそ出てきた修辞だ。武漢肺炎・コロナでの緊急事態宣言で、専ら「お願いします」に終始する日本の首相とは、立脚点が違うのだ。

現在の虚構乃至桎梏を破砕しないといずれ近々に泣きを見ることになる。日本の古典には闘戦経がある。そこに盛られている公理を我が物にすれば再敗しないで済む。（R3・03・17。一部加筆、09・26）

（二十四）戦後意識の呪縛から自由になるために（補遺七）

はじめに：何をもって「戦後意識」というのか／「戦死」の不在

日本のこの三四半世紀の異様さは、戦死者のいなかった期間であった事実に出ている。それは現行憲法体制の産物と称揚するのが、長らく野党の特性だった。内実は唯一の同盟国・米国による軍事的な保障によるものであった。

非公式には占領中に始まった朝鮮戦争のさなかに機雷駆除に徴用された日本人から少数であっても死者の犠牲があった。戦場にも日本人が非公式に採用されて参加し戦死している者もいるらしい。政府が関与していないので、出来事はあっても、公務死ですらない。「戦死」はありえないから。

こうした建前は日本人の戦争であった大東亜戦争の戦死者の扱いに波及してくる。それは、千鳥ヶ淵墓苑と靖国神社の併存に出ている。ここでは戦死者と戦没者の区別すら明確ではない。国際比較すると、戦死者へのこれほど冷淡な戦後の日本国家は、異様そのものである。そうした心理的な空白の波及するもの、致命的な危うさを考えてみたい。

（1）戦死者と戦没者は違う

日本帝国の経営した戦争・大東亜戦争には、日本兵だけでなく関係した多くの戦場で徴用された人々がいた。戦後になって貯金していた給与の支払い請求などへも冷淡な応接である。経済大国になって以後、手厚い扱いをしておけば、当該地域での親日派を育成できたのに、そのような見地は殆ど無いに等しい。「戦死」あるいは戦争中の公務に触れたくない、あるいは見ないふりをするところから来る。

まともな国家は戦死者または協力者は丁重に扱う。国家の品位と名誉に関わるから。米国にとってベトナム戦への関与は屈辱的な撤退を遂げたことにより、戦死者の扱いは冷淡に過ぎた。在郷軍人の寄付で非公式にワシントンに戦死者の名を刻んだ墓銘碑（Vietnam Veterans Memorial）が建立された（1982年）。その2年後に大統領レーガンが年一回の慰霊祭に参加し、格調高い慰霊のスピーチをして、準公認になった。戦死者の名誉は曲りなりに多少は復権した。

シルベスター・スターローンのランボー・シリーズの二作目（1985年）はベトナム戦の未帰還兵問題を扱っていたが、最後のシーンで旧上官に所懐を吐露するランボーのセリフは泣かせる。召集されて祖国のために酷暑の地で戦った兵士たちに祖国もそれ相応の礼を尽くしてくれ、と苦渋と憤慨に満ちた表情で言う。ホワイトハウスに武官として勤務の旧上官の辛さを堪《こら》えた複雑な表情が、レーガンの演説があっても、映画のできた頃の米社会のベトナム戦争の位置づけがまだはっきりしていないのを窺わせた。

日本の場合は、三四半世紀を経ても、戦死者はいまも曖昧のままに放置されている。そこには冷遇はあっても礼遇はほとんどない。国賓は靖国神社に一回も参拝していない。一度、米高官が何を勘違いしたか意図的かは不明だが、千鳥が淵墓苑に献花した。彼が母国の米国でこのようなあいまいな振舞いをしたら、在郷軍人会（ヴェテラン）が黙っていないだろう。死を覚悟させられるのは間違いない。日本の国内で横行しているのは、占領中からの定番である反省の言辞ばかり。これでは戦死者の霊は浮かばれる日は来ない。

（2）現状がこのまま推移すると国家日本は危うい

戦死者への冷遇のままに進行すれば、日本を守るための戦争学の古典を学ぶ気運は台頭するはずもない。放置されたままに行く果てに起きる現象を想定するのも怖ろしい。「水に生くる者は甲あり鱗あり。守るは固きを以てす。山に生くる者は角有り牙有り。戦う者は利きを以てす」（闘戦経・第四十八章）。この自然の公理を戦後日本は無視し、とくに占領当局の意志あって削除し、76年を経た。主権回復後も、だ。それが戦後の「平和」日本の国家？経営だから。

（3）闘戦経の読み方の在り様

孫子を意識して成立したのが闘戦経であることは幾度も触れた。孫子の限界というかその戦争観の弱点を衝いているのが老子である。老子の指摘を敢えて孫子は棚上げしている。その見地に拘ると勝機を失うと言わんばかりである。

勝機は作ればいい、その作り方には倫理性や限界は無いと見切ると、「超限戦」の発想が出てくるべくして出てくる。老子の戦争や戦闘の結果の流血と殺戮への慨嘆など糞くらえ、である。このあたりの現実は、闘戦経の作者も心得て、簡明瞭に、「食うて万事足り、勝ちて仁義行わる」（第二十九条）と説いてもいるのだが。

ここでの問題は、孫子・老子の世界観と闘戦経のそれとの違いである。闘戦経は冒頭で「我武」という見地を提示した。戦争という行為も我武の働きの範囲である。自然の摂理に入る働きと観た。と言って、人事でもある。だからこそ、用兵という行為は虚無に堕ちてはいけないと戒めた（第五十三条）。兵事は神妙であることが求められる。超限戦のように「非軍事の戦争」行動と限界が無いとする不遜な態度は、ここにはない。戦いにおける公準を見誤ると、虚無に堕ちる羽目になる、と観たから。

摂理を重視するか人事と看做すかで兵事への取り組み方は変わってくる。人事に基づくから、今の中共党のようにウイグル族へのジェノサイドの取り組み方が出てくる。摂理があるという在り様が、事態への謙虚さをもたらしてくる。ここでの謙虚さは老子の姿勢のように、兵事に関わらないのではなく、真正面から引き受け常在戦場の意識で取り組んだ一つの成果が、闘戦経の思索内容なのである。

（4）思考上の空白の端的な事例／スポーツと武道の違い

オリンピックは平和の祭典という。その出自から観れば戦闘をスポーツに代えたわけである。戦後の日本では、武道は戦争協力をしたと占領軍に看做された。武芸は戦闘に役立つから、と削除と禁止が求められた。五輪の種目になって、本来の「道」は活きているのやら。戦闘の結果は死に至るのは常道である。そこに至らないために武道がある。その部分を削除してスポーツになったのを武道といえるのか。こうした変則というかあいまいさの放置も「精神的武装解除」の結果なのだ。

（R3・03・18）

（二十五）戦後意識の呪縛を脱げば超限戦に敗れない（補遺八）

はじめに：何をもって「戦後意識」というのか／自分の立ち位置の不明

LINEに入っている者の情報が中国に筒抜けだったことが明らかになった。LINEに登録している日本人は8600万人という。情報管理のあまりの杜撰さを公認したくないからか、問題視されていない。

これで菅内閣の目玉であるデジタル庁を作ると、北京に情報が全て持ち去られることが、改めて鮮明になった。スクープしたのは朝日新聞という。誰が記者に耳打ちしたのやら。他紙の記者もだらしがない。定時の記者会見で官房長官に事の次第の問題性を問い質しもしない（3月18日の段階）。現在の日本の官民を問わない情報管理の杜撰な実態である。こういう事件が起きることこそが、官民を問わず国家不在、だから安全保障に至らない戦後意識の呪縛にあることを自覚し得ていないからだ。

中国に対抗するためにUKUSA連合（ファイブ・アイズ・米英加豪NZ）に日本を入れようと英国は考えたらしい。UKUSA加盟国にとって対中牽制で日本を必要としているのであろうが、あまりのユルフン状態に二の足を踏んでいるのではないか。スパイ防止法もない法制では他国間との「情報の共有」はありえない。

だが、政経情報は言うに及ばず、日本の科学技術情報の主要部分の大半は対岸に行くようにネットワークや制度が出来上がっていると見ていい。官民を問わず？　使われている日本人は気付いていないが、取得する側から見れば少ない対価で忠実に働く日本人は安いものである。明治の御雇外国人の報酬は（現在ではなく当時の）大臣並みであった。今昔、多分比較にならないと思われる。

国富の流失現象の示しているものは何か。現在の日本人の多くが自分の立ち位置が不明のところから来ている。アイデンティティ・クライシスに陥っているのに気づいていないのだ。旅券をもっていても国籍の意味するところが不明なのである。こうした現象は今次「戦後」の特質であるのを、手を変え品を変えて本稿では解明すべく試みた。多分、大半の今の日本人には気づかないだろう、と思っている。病膏肓《やまいこうこう》に入っているから。

(1) なかにし礼に見る自己喪失の事例

先に死んだ作詞家として著名だったらしいなかにし礼、かれの戦後に立脚した戦時批判の言い分を聞くと、病膏肓に入っている典型例を見ることができる。彼の終戦体験の大部分は、満洲の引揚体験だが、産経紙の報じるところによると、「昭和天皇のご大喪の礼をテレビで見ながら、戦うというか取り組む相手がいなくなった虚脱感の覆われた」(2020・12・26)そうだ。

自分の立ち位置を昭和天皇と対峙させる勇気というか思い上がりは戦後民主主義の一つの典型例だが、どのように比較しても比較のしようがないことに気づかない気負いの振舞いをも許す自由が、天皇という御位に備わっている。なかにしには気づくだけの知というか想像力を有しているとは思えないのは、その言い分に明らかである。

彼の作詞のヒット作で歌い呆けても日本文明の基層はびくともしないのである。かれには「戦後」意識を離脱し自己回復に向かう時間は与えられていなかった。かれなりの役回りを終えたのであろう。

（2）日本を米国から奪い傘下に置く中共党の中長期的な思惑

米中日の三つ巴にあって、日本の立ち位置がどこに向くかによって米中覇権の可否は決まる。「敵は中国」との判断の分水嶺は2015年であった。すでに6年を経ている。この対決の構図は軍事対決で一挙に決まる性質のものではなく、隠微に続く「文明の衝突」であるところが厄介なのだ。

駒としての日本が中共の影響下に置かれると米国の太平洋の覇権は失われる。米中双方の対日抱え込みの方策はあらゆる分野で、すでに熾烈に展開している一端は冒頭で触れた。問題は渦中にある当人である日本に自国の立ち位置についての自覚が薄いところである。

中共党は、米国による三四半世紀の日本における盤石な重しをいかに軽減しうるかに、躍起になっている。孫子の世界でいけば利により釣るのが彼らの得意とするところだ。米国の調査によれば中共党幹部が海外資産を一兆円以上所有しているのが100人以上いるのを知り、これは米国とは異質の世界だと、例えば前に米国務長官ポンペオは判断したという。米中の橋渡し役・コンサルタントとして巨万の富を築いたキッシンジャー博士とて、表面に出ているだけでも一億数千万ドルである。

（3）米日経済関係が日中経済関係をはるかに凌駕するか

すでに日中の経済関係は米日よりも量的に多い。相互依存関係の強化は日米間の離間の力学を強化する側面もある。経済安全保障の見地からサプライチェーンに再検討を加え、生産の分散化を言う向きもあるが、生産の場としての中国市場の魅力は、社会インフラが格段に整備されていて、他に抜きんでている。労働力単価の要因だけでは量れない。

企業が目先の利に目がくらむのを責めることもできない。企業は慈善ではない。収益を上げるのが最大目的で存在している。日本の経済人は自国の政治にどこまで信を置いているのか。むしろ中共党の対日関係者に信を置いているのではないか。これは器量の違いからくるので、仕方がない、では済まされないのだが。

(4) 立国の信が今の日本にあると指導的な経財人は思っているのか

中国政府の日本に対する尖閣を含めての公然とした侮りの態度に、言葉は多弁だが内実の伴わない動作をする日本の選良？　の在り様を近場で見ていて、日中の双方を見比べて果たしてどちらに信を置いているのか。21世紀は中国の世紀？　という掛け声に気の迷いの生じるのは、かなり理解できるところだ。

中共党は党の生き残り、それは要職に就いている者も同様に我が身が可愛いので、死に物狂いに日米に取り掛かっていると言ってよい。その迫力は日本の弛緩した選良？　など、足元に及ばない、と推察される。いわば、日本の戦国時代での国盗りに彼らは生きているのだ。それは、超限戦を読めば、すぐに判明するはずなのだが。

第二次大戦の結果に中国は勝利した、と中共党は豪語している在り様に、日本側は無言でスルーは、「心理的」に負い目を抱いていることになる。内面はともかく侮りをもたらしている。そこを出発点にされるとズルズルと引くのがこれまでの日本の日中間の在り様であった。相撲でいうなら立ち合いですでに敗れているのだ。なかにし礼のような心理は大方の日本人の習いになっている。そうした戦後意識の呪縛から自らの意志により自由になれば、そこには全く違う情景と現場が表れてくる。闘戦経の章句を吟味する、あるいは味わうのは、そのキッカケになる。

(R3・03・20)

（二十六）超限戦思考に闘戦経が優位の理由（補遺九）

はじめに：死生観の違い

闘戦経の各章の字句を惜しんだ、凝縮させた文章は、木で鼻を括るような印象をもつ。難解である。比べて、孫子は平易である。両者の違いを読み解くには、シナ文明と日本文明の「死生観の違い」を先ず前提に置く必要がある。

昭和の戦争では、末期になってその違いを統帥部は安易に利用しすぎたのは否めない。軍事学から見れば、統帥側の欧化、悪しき合理主義への堕落であった。この部分への反省はいくらしてもいい。それは、次回は敗れないという覚悟に基づく限りは、である。実際は、「日本は悪かった」自虐に沈澱しての反省は、逃避の別名に成り果てている。

世界の戦史で衝撃を与えたのは、敗戦末期に日本軍が圧倒的な米海軍に向けて、「苦し紛れ」との酷評を受けても仕方のない特攻作戦を展開したことであった。軍としてこれを作戦として制度化したのは、果たして国軍と称せられるか否かの問題は厳然と残る。軍命ではあっても、特攻という自爆行為は、現在では別の形でイスラームの過激派に継承されているのを見落とせない。中共党が最も恐れるものである。すでに、ウイグル人の散発する自爆行為に出ている。

昭和天皇がフィリピンでの最初の戦果の報告を統帥部から受けたさいに、「そこまでやらねばならないのか」と漏らしたという。それが事実としたら、それを読む後世は、その言辞の背景には統帥部の体をなしていない、弛緩から来る一種の職責放棄だとの批判のニュアンスを感じ取る者は居るはずである。

これが孫子の世界であったら、この種の命令が来たら、多分、大部分の兵は原隊離脱して消滅して、命令権者だけが残っていただろう。しかし、中越戦争（1979・02〜03）の際、中共軍は銃弾の飛び交う中を突進して往ったという。1949年・政権確定後の中共軍の日本に勝利した?、朝鮮戦争では義勇軍が米軍に優勢し38度線に戻したなど、不敗の神話が浸透していた向きも窺わせる。ベトナム軍の将帥が、アセアン某国の将帥に、この折の人民解放軍の兵士の斃れても倒れても突っ込んでくる戦闘ぶりに、辟易したと述べたという。

戦前のシナ兵をよく知る某氏は、中越戦争での中共軍兵士の戦いぶりに、教育によってそこまで来たか、との印象を述べたのが妙に記憶に残っている。だが90年代以降の経済成長による豊かさと一人っ子政策の浸透が、現世優先の旧態に戻しているのは否めない。

（1）シナ人の現世優先観を孔子の発言に観る

死とは何かを聞いた弟子に孔子はいう。「未だ生を知らず　焉《いずく》んぞ死を知らん」（論語　巻第六　先進第十一の一節）。この発言に余計な説明は不要であろう。闘戦経の死生観は、シナ人の現世優先にはにべもない言い方をしている。

造化は万物の生あるものを産み育て（生成化育）、そして時期が来れば帰幽させる。神妙である。だから、日本人は現世としての顕界での生身を現し身《うつしみ》とも評した。うつしは、幽の世界での隠れ身が現世に反映している。

従って、生死の構造を基本的に幽顕二元、そして一体のものとして把握している。しかも分立しているのではなく、死生一如でもある。「死と生とを忘れて死と生の地を説け」（闘戦経　第十二章）は、それを示唆している。

「死と生を忘れて」は、平時でできるはずがない。戦いのさなかには在り得る心の動きであろう。忘れろという命令である。忘れることができるのは、死が生理的な死の終わりではない、という想定があるからだ。孔子は生死のふたつは別世界、死には不可知論で臨んでいる。コミットしようとは思っていない。

そこには、日本人のような死への慎みの産まれる背景はない。むしろ老子は戦闘という現象に「哀悲」という表現を持ってきた（前掲「今、何故、「闘戦経」なのか（六）」冒頭の老子と孫子の比較を参照）。ここでは、人の業《ごう》ともいえる宿痾を認識しつつ、距離を置く態度をとっていることを明らかにした。

(2) 日中の違いの由来

どちらの認識が深いかは一概にいえない。日本人の文明意識としては、戦闘の過程に死生一如を実感し、受け入れた。闘戦経では、言葉として「我武」を「天地の初めにあり」（第一章冒頭）にした世界観を明示したのである。

結局のところ、どちらに馴染むかに帰結する。シナ文明の戦争学の集大成である孫子を、詭譎の一語で把握する感性の是非を追究するところに、思索によるその記述は自ずから日中双方の文明観の比較作業になった。

すると、闘戦経はシナ文明に対峙したところに彼我の違いを意識しての比較思想の営為であった、と見るのが自然であろう。白村江の敗戦という古代日本存亡の国家的な危機から生じた日本意識の発祥から観ると、3世紀半ほどの時間をかけて熟成した成果であった、ともいえる。シナ文明とは何かを問うところに日本人とは？　を問い続けた真摯な思索の積み重ねをした先達に、謹んで敬意を表したい。

（3）シナ人に闘戦経の真意は通じるのか

既往で述べたように闘戦経の作者の提起した日本文明に根差した戦争観ないし戦闘観は、当時のシナ人そして現代の日本人がかりに読んだところで理解に苦しむのが正直なところだろう。当時でも現代でも、シナ文明に帰属する者が、詭譎に対峙するのに「真鋭」という創作漢語を見せられても、王化の及ばない辺境の僻地に棲む東夷による独善、としか受け止めなかっただろう。理解に苦しむのが正直なところではないか。

著者も逆輸出する気は全く無かったと思う。それは両者を併読することを勧めている姿勢に明快に出ている。異文明の住人に伝える努力は、最初から捨てている。ここに闘戦経の著者による対岸の文明世界に処する態度がある。その態度の生じる由来はかなり深刻かもしれない。筆者は、この慧眼を高く評価するものではあるが。

（4）日中関係は孫文が政略的に弘めた「同文同種」ではない

滅清興漢の革命ブローカー孫文は、蹌踉の身で日本の少ない理解者に日支は同文同種の関係だと力説し資金を得て永らえた。日本留学組の決起による武漢から始まった辛亥革命の機を得て僥倖の覇権を握ると、ロシア革命後のコミンテルンの下での連ソ容共の国共合作に踏み切り、対日態度を豹変した。

神戸に来て、日本は西洋覇道の犬となるかとの捨て台詞を言った。こういう芸当は詭譎を日常とする孫子の兵法の技と同様なのである。双方の文明の出自と意識の違いを知る闘戦経の著者は、「朱に交われば赤くなる」ことを懼れ拒んだのだ。超限戦の「非軍事の戦争」による浸透と分断に直面している日本は、元来の日本人の気性を亡失して墓穴を自ら掘っている。相手は、自分の存在を守るために必死なのである。この本気度を軽視しない方がいい。

（R3・03・23）

（二十七）オウム・サリン散布と東日本大震災（補遺十）

はじめに：二つのできごと。オウム・サリン散布と東日本大震災

1995年03月20日に東京・地下鉄走行中の車内に、オウム真理教信者により化学兵器用のサリンが撒かれた無差別大量殺人事件。殺された者十数名、後遺症で多くの被害が生じた。Tokyo Sarin Attackと呼称され、欧米諸国に衝撃を与えた。都市の公共交通機関に対するこの種のテロ攻撃への、都市の脆弱性を改めて印象づけた。現在でも事件の起きる可能性は消えてはいない。戦場候補は東京だけではない。

次いで、10年前の03月11日に起きた東日本大震災である。地震による大津波。死者・行方不明者は後の関連死を含めると2万2千を越える。

なぜ、ここで二つの事例を挙げたのか。事件の様相は比較できるものではないが、いずれも国家の安全保障上では深刻な問題を提示しているからである。そして、前者は四半世紀を経て、後者は一昔経った。出来事を繰り返さないことはできない。テロはいつでも可能である。津波の起きるのを止めることはできない。二つの出来事の事後で共通しているものがある。

事件から何を学ぶかが大事だ。前者は教団の後進が破防法の適用団体となり、監視下に置かれている。後者は復旧に取り組んでいるが、福島原発の事後始末は放射性廃棄物の処理も含めて、いまだに工程表は明らかになっていない。当事者である東電の新潟・柏崎原発で、テロ対策の検知機器不全を昨年3月以来一年近く放置していたことが発覚。危機管理に関する社内の弛緩を印象付けた。社長は引責辞任をしない。この種の在り様は、一会社の問題ではなく日本社会の構成員による弛緩心理を指摘せざるをえない。

非常事態における自治体の対応力にも多くの問題のあることがわかった。大規模災害の場合、オウム・サリン事件の2か月前に阪神・淡路大震災が起きた。自衛隊の災害出動の初動が遅れ、無用の死が生じたという。この「遅れ」をめぐり、後から出動の要請をしなかった知事貝原批判が起きた。実際は非常時の通信機能が十全に働かなかったところから来たようだ。この問題の評価の決着はついていない。だが後年の東日本大震災の際の民主党・菅内閣の遅滞ぶりとは性格が違うようである。

菅《かん》の場合は、自分が首相になって自衛隊の最高指揮官であることを知り驚いた、と正直に述べているお粗末ぶりであった。この発言に、日本の戦後の欠陥がはしなくも露出している。福島原発一号機の爆発を巡る事後のドタバタぶりは、日本の危機管理体制がいかに中枢では脆弱であるかを全世界に印象付けた。北京の対日筋のこの事態での日本評価を知りたい。

(1) 体制管理不全の由来を明らかにする必要がある

戦後日本の危機に際しての体制管理の不全の由来を、公然と明らかにする必要がある、と痛切に思う。でないと、無辜の国民がその責を負わされることになる。現に放射能汚染地域から強制的に立ち退きを余儀なくされた住民は、全国に散らばっている。戻るあてはあるのやら。1945年・敗戦後の満洲やその他の地域からの引揚者と同じである。故郷喪失、エトランゼになっている。悲劇である。こうした悲劇の由来を「想定外」の天災視するのは都合がよすぎる。

ここでは、為政者の責任が問われているのだ。中枢を構成する者たちの無能ぶりは人災であった。当事者たちはその批判を引き受けていない。事態に狼狽《うろた》えていた元首相菅はその筆頭だが、補佐役であった官房長官は立民党の代表として、素知らぬ顔をして国会にいてコロナ対策で政府を責め立てている。

この種の選良？　には、元来からして、事態に臨んで当事者意識がないのだ。だから責任とは無縁の存在で済んでいる。無作為による失政への恥も全く感じていない。枝野は弁護士出身だが、この種の連中の思惟方法に欠陥があるのに留意したい。事態は自分が作ったわけでもないので、責任を感じないで済むのである。有限責任に居座るある種の官僚特有の思考と共有している。旧軍の官僚の一部の者も含めて、である。問題は、こうした感性の持ち主が、一定の票をとって議席を得ることができる事実である。

それに比べると、無辜の国民はいつものように事態に耐えた。諸外国の眼は、それをしっかりと見ていた。そして評価した。評価に値する多くの挿話がある。ベトナムで報道されて感動を呼んだ被災地の一人生き残った少年の振舞いなど、涙無しに読めない。この少年は、日本人の地力の活きているのを示した。

（2）無為の選良？　と無辜の民の落差

10年経っても、福島原発火災の後処理問題を含めての東日本大震災は現在進行形である。これが現在の私たちに伝えているのは、非常事態における指揮統率、いわゆるリーダーシップとは何か、であった。どのような気持ちの持ち方が求められているか、という問題意識の重要さであった。10年前の中枢におけるドタバタは、第二の敗戦としか受け取れなかったから。

三四半世紀前の1945年8月には、終戦への衆議が一決せず、最後は昭和天皇の聖断を仰ぐ事態になった。一つの国家として見れば、そこには指揮統率が辛くも活きていた。全力で有責を自覚した最終統帥権者が存在していたからである。

終戦が決まると戦闘中の海外の派兵先の前線にも陛下の特使が派遣されて、その趣旨は徹底された(承詔必謹)。統率側が優秀というよりは、無辜の民で編成されていた兵が優秀だったというべきだろう。余りの整然ぶりに改めて米側は戦後の占領統治の在り様を考えた。この辺りの米国中枢による対日統治認識については、日本の研究者の怠慢もあって不明の部分が今でも多い。

(3) 戦争は開戦よりも終戦の方が難しい

この小見出しは古今の定理である。敗者日本の終戦の在り様は誇っていい。ここには、「軍なるものは進止有って奇正無し」(闘戦経第十七章)が活きていたから。「進止有」の止あるを忘れていたのは統帥部であった。その欠陥の由来を明らかにしないと、東日本大震災の事後における敗戦に次ぐ第三の敗戦を迎える羽目になる。大方は意外に思うであろうが、第三の敗戦はすでに始まっている。気付いていないだけの話だ。

(R3・03・28)

（二十八）日本の安全保障の鍵を握るのは台湾（補遺十一）

はじめに：尖閣だけに視野狭窄されるな

尖閣を我が固有の領土と法制化するだけでなく、領土を守るための軍事的な手段としての海警法を制定した中国は、自信満々の態勢で日本に臨んでいるように見える。対する日本の菅政府は煮え切れない。国境警備に臨む海上保安庁の巡視艇の大半は使用期限を過ぎておんぼろというお粗末な実態が報道で明らかにされている。

そこにきて北朝鮮が一年ぶりに弾道ミサイルを発射した（03月25日）。このさ中に与野党内から拉致問題解決に向けての超党派議員団による北朝鮮訪問案の登場だ。親中派の巨頭で米国から名指しで批判された二階幹事長の主導らしい。

この時機での訪北鮮である。台湾海峡を含む北東アジアにおける周辺事態を、地政学的に俯瞰すると、日本にとっての死活的な防衛ラインの一角に綻びを作る意味を有していないか。長年にわたり拉致問題に取り組んでいる側から観ると、問題が全く違う意図に利用されかねないのに憂慮しているであろう。

この派遣案は一見すると、誰も文句をつけようがない。だから、「この時機である」。何処から出てきた案なのか揣摩臆測《しまおくそく》（自分勝手に想像する）を逞しうしてもおかしくはない。拉致問題は今の北朝鮮の対日外交にとって貴重な唯一の資産といってもいいから。

北東アジアの情勢は、米軍の次期インド太平洋軍司令官になる現太平洋艦隊司令官の米議会での証言（3月23日）によれば、台湾有事の可能性は現実性を帯びているとのこと。中国軍による台湾進攻は間近かに迫っている、と次期司令官が述べた意味は大きい。この機会に台湾有事の可能性に関わる諸問題を、日本の現況を思案しつつ、触れられない側面から取り上げてみたい。

(1) 現在の台湾の国軍の出自

中華民国軍は90年代に「本土化」の観点から軍縮を行い、現在の兵員は陸軍20万、海・空各5万人。予算上から武器の老朽化は惨憺たるものらしい。予算の膨張から武装の現代化を図っている中共軍とは比較にならない。

台湾軍の精神的な在り様を考えてみたい。1949年10月に現中共の北京での毛沢東による建国宣言に伴い中華民国は台湾に逃亡して亡命政権となった。中華民国総統の蒋介石(1887~1975)は、60万人の兵員を擁していたものの、数だけで、軍規厳正な日本軍しか知らない台湾人は敗残兵に接して愕然とした。

蒋介石は毛沢東率いる人民解放軍に対峙し、大陸反攻を亡命政権の国是とした。台湾は暫時の緊急避難の場所でしかなかった。だが、腐敗と劣悪な兵隊にほとほと内心で愛想の尽きた蒋総統は、台湾での新生国軍の再編を旧日本陸軍の佐官クラス80余名ほどに丸投げした(1950~68)。元支那派遣軍総司令官岡村寧次の協力による。彼らは、団長富田直亮(陸軍少将、中国名:白鴻亮)の支那名の白をとり白団《ぱいだん》と呼ばれた(中村祐悦『新版 白団 - 台湾軍をつくった日本軍将校たち』芙蓉選書ピクシス、芙蓉書房出版、2006年)。

米軍事顧問団は旧日本陸軍による支援をいやがり日本への帰国を執拗に迫ったものの、蒋総統は米側の要求を拒んだ。一定の優秀な人材?を米国の軍官学校に留学させたが、新生台湾軍の新兵は台湾出身者しかいない現実があり、台湾における中華民国軍の主力や中核は日本軍の再生であった。自衛隊が米軍の影響下にできたのと基本的に違っているのを、ほとんどの日本人は知らない。

（2）中共軍の侵攻に対する台湾軍の精神的な問題

蒋介石の死後に総統になった長男蒋経国は父の悲願・大陸反攻は前面から取り下げ本土化（台湾化）に切り替えた。その副総統であった李登輝は、総統になった（１９８８）ものの国民党内部の事情から、その地位の初期は強固ではなかった（～２０００）。しかし、公開されている著作から読む限り台湾軍の忠誠問題を視野に入れていたのは、１９９６年に直接選挙で総統に当選した直後に、大陸に偏重していた従来の中華民国の教科書の全面的改組に着手した上での、『認識台湾』の取り組みに片鱗を覗える。が、半世紀近い亡霊・中華民国の払拭は容易でなかった。

李の意図が次の総統・陳水扁に妥当に伝わっていたかどうか。白団に育成された国軍幹部と台湾独立派と近かった民進党の関係はどの程度のものであったか。あまり十分な情報はない。陳政権の国策顧問や閣僚には台独関係者が就任した。この人脈が国民党の独壇場であった国軍の旧日本軍に教育された台湾人高級幹部とどの程度に近くなっていたかの情報は、あまりに少ない。いわゆる台湾通もこの分野を不問に過ぎた。過ごした？

外省出身の将軍はむしろ対岸の人民解放軍にいる黄埔《こうほ》軍官学校の出身者と同窓の誼みを通じる有様であった。李総統が折角「新台湾人」論を提唱しても、外省人にとっては台湾より「中国は一つ」はアヘンや媚薬の効果をもつ。かように李以後の台湾において軍の忠誠問題は流動性を孕んでいると言っていい。ここにも李のいった「台湾人に生まれた悲哀」は生々しい現実性をもっている。

（３）求められる台湾人の自覚の徹底化

軍事面で中台は、すでに非対称的な関係になっている。その格差は論じようがない。米側は上掲のように警鐘を鳴らすが、今は鳴らすだけ。日本には米国のような「台湾関係法」はない。１９７２年の田中角栄首相の党内事情を優先しての外交である日中「国交正常化」により、台湾にある中華民国と断交したのだ。この結果、台湾島と台湾人の運命は否応なしの厳頭に立たされている。

大陸からの檄風に立ち合いもせず、表面上は「中華」の同文同種を建前にして、その実は降伏するのか。「嗚呼我是を奈何せんや。（進退窮まり・筆者挿入）却て蝮蛇毒を生ず」（闘戦経・第二十一章の末節）。李登輝の新渡戸稲造『武士道解題』（小学館）によれば、李も台湾人の運命を見通しモーゼの出エジプトの決断を想起したことを記述している。そこから李の体内に「毒を生ず」るようになった、か。問題は李の毒が後の世代にどの程度に継承されたのか、だ。

だが、台湾の運命は日本の運命と無関係ではない。台湾が大陸に仮に併合されたとする。その結果が日本に波及するものは、今の日本人、沖縄の県民もその深刻性に気付いている気配はない。我が身の在り様にほとんどが気付いていないのである。進退窮まって気付くようでは。

（R3・03・30）

（二十九）日本人が日本人に再びなるために（二）（補遺十二）

はじめに：激動に翻弄されてゆらぐ日本人の帰属意識

日本国と日本文明はほぼ一体である。世界各地、米国やブラジルなど、日系人のコロニーが存在する。彼らに日本への帰属意識がどの程度あるかは、日本語の普及程度で測ることができる。シナ人と比較すると、おそらく想像を絶する実態が明らかにされる。在外シナ人における北京官語の普及率である。

強制されなくても自発的に子弟に学習させる。経済的に余裕のある家庭は、母国に留学させる。異郷に棲むシナ人としての資格条件の確保なのである。日系人社会には母国語へのこのような執着なり切実さなりはない。かなり淡白だと言っていいかもしれない。

１６３９年の南蛮船入国禁止令から始まった鎖国前、フィリピン、ベトナムなどにあった総計すると数十万人はいたと推計される日本人町は、１８６８年の維新後に開国してみたら、跡形もなく消えていた。土着化し融解していたのだ。これがシナ人ならありえない現象である。日本人とシナ人では一体性を繋ぐ契機が違うようなのだ。このあたりの比較史を意識した日本人論の解明は、ほとんど進んでいない。日本人自身がさほど深刻に考えていないからである。我が事になっていない。

中国残留孤児問題が周恩来総理の人道的を名分にした深慮遠謀によって、１９７０年代に「国交正常化」の伴奏の一つとして取り上げられた。日中友好を騒ぐ媒体や親族は別にして、大方の日本人は冷淡というか冷静であった。最初に肉親捜しのために一時帰国し、再び育ての「母国」に帰国した子弟らは、当時の貧の中国では破格の小遣いや、多くの善意のみやげをもらい帰国した。

次に来た子弟には小遣いが減額された。こうした便宜的な措置は、時に多大の迷惑を当事者にもたらす。それを知った子弟は減額するなと騒ぎ出した。その背景はここでは記さないが、シナ語で猛然と抗議する姿はテレビに放映された。その情景を見て、嗚呼、すでに日本人ではなくなっている、同化しているのを思わせた。可哀そうだが、怒気を前面に出して荒れる振舞いからは、慎みのかけらも見出せなかった。小遣いは善意であって日中間の取り決めではない。

端無くも、シナ社会の同化力のすごさを垣間見せていた。これでは帰国後の日本社会への同化は容易ではないな、と感じた。彼らはまだ存命であろうか。帰国したものの、母国に馴染めず、育ての母国に戻っているのも多いと聞く。運命に翻弄された彼ら日本人の人生に気持ちが動くとやりきれないものがある。ここにも在るべき信を失ったために彷徨う、戦後の日本人の群れがいる。

(1) 米中は文明の「争突」、そして現代はすでに戦国時代に入った

先ごろ、アラスカのアンカレジに中国を呼びつけての米中会談（3月18〜19日）は、ハナから双方の非難合戦になった。これが「外交」の本来の姿であり、言葉を武器にした戦争なのである。つい数年前のフロリダへ習近平が訪問しての一見は牧歌的の風景は、明瞭に過去になった。米中代表の怒鳴りあう姿が現在なのである。すでに両国関係は剥き出しの戦国時代あることを如実に示した。

それを示してくれた米中両国に、日本人は虚心に感謝し学習しなければならない。何を学ぶか。先回は余儀なく、これからは自己意志として同盟対象を選択しなくてはならないということである。ここに第3の選択肢はない。そして、ここでの選択には応分の責任が伴う。汗だけでなく血もともなう。

日本の帰趨が米中の帰趨、つまりどちらが勝者になるかを決める事態であることを双方がよく知って

いる。隠れた主役は日本なのである。それをボケている日本の選良は気付いていないだけのことだ。媒体も同様。

(2) 21世紀の戦国時代を生き延び得る糧・核心は何か

習近平が仰ぐ毛沢東は、かつてモスクワで開催された社会主義諸国首脳会議（1957・11）で、核戦争を恐れることはない、起きても中国の人口は6億、半分の3億は残ると発言。出席者は鼻白んだ。フルシチョフの提唱した東西平和共存論への断固拒否の宣言でもあった。この根拠不明の自負を見極めないと中共党の核心が不明になる。なぜ、習近平は毛沢東を大事にするかも不明である。

闘戦経は戦国時代の生き方について、「戦国の主は、疑を捨て権を益すに在り」（第十二章）という。笹森の『釈義』の大意では、「戦国の主は、その配下の疑念をなくし、信頼を高め、その権力を益することが大切である」、という。この解釈を現在の習の気持ちに当てはめると、毛の真意の一端がほの見えるのか。

(3) 闘戦経のいう権の裏付けとは何か

笹森は、部下の「信頼を高め」としているが、ここで用いた信頼を中共党員はどのように受容しているのか。現状の習も含めた高級幹部による漏れ伝わる日本人の想像を絶する汚職収賄の腐臭ぶりを見ると、笹森のいう信頼という表現など単なる美辞で裏付けはない。鼻白むだけだ。この腐臭には進出している日本企業も加担しているのは、公然の秘密である。そうした醜態は「権」に付随する宿命なのが、シナ文明の特徴でもある。所変われば品変わる、である。

(4) 日本人意識を恢弘する最短距離

腐臭と汚泥の中を普通に生きるのがシナ人の流儀である。この流儀を垣間見ただけでも日本人には本源で心理的な抵抗があるはずである。中共党が出現する以前からのこのシナ人の流儀に現在の中共党も呑まれてしまったのだ。多分、習近平もその風潮に乗っているだけの話だろう。「信」という漢字を用いても、その実は日中の間で異次元的に違う。同文同種など、詭譎の最たる表現だ。

日本人の築いた信という漢字に込めて営々と継承してきた「倭教」の意味するものを、一回の敗戦と占領後に軍国主義という勝者の表現に込めて一掃する心理戦に乗ぜられてしまうようでは、現在の最新の歴史認識では数千年に及ぶらしい日本文明の成果は、その程度であったことになる。それでいいのか！

(R3・04・01)

(三十) 日本人が日本人に再びなるために (二) (補遺十三)

はじめに：信の回帰はさほど難しいものではない

靖国神社に祀られている戦死者を英霊という。どうして英霊というのかの由来は、すでに大方の日本人は三四半世紀を経て不明になっている。勝者による占領下に原型のできた義務教育を含めた公私の教育の場で、不問に付して「決して」伝えない仕組みになっているからである。現在に至っても、それを民主教育とか平和教育と称して奨励する向きもある。自分の本来の一体性（アイデンティティー）を崩していているのも知らないで。

しかし、この閉塞状態は不自然なのである。個々人での内攻は限界に達しつつある。堰き止められているダムの水量が喫水線を少し越えた気配を見せたのが、異様なほどブームになった『鬼滅の刃』現象と見ることができる。ここには、現在の日本人が人為により無自覚にさせられたところから来るとはいえ、自業自得により抑圧されている鬱屈の一端が発散された、ともいえるから。

(1) 自分の本来の一体性とは何か

一体性とは、別の言い方をすれば、何をもって信ずるに足るものを自分の帰属している場で共有しているか、である。場とは通例では日本国であろう。

英霊の存在をなぜ軽視できないのか。何が戦没者と違うのか。それは国家の命令である召集に応じて軍隊に入り、戦場に赴いて死んだからである。普通は戦死という。ここに本人の本意、不本意は関係ない。だから、彼ら英霊に日本国は存在するかぎり、栄誉の礼を満身を以て遇しなくてはならない。それが、主権国家の伍す国際社会の常識なのである。

そうした国の姿勢を支えるのは、政府ではない一人一人の国民である。この国民が戦死者である英霊に対して感謝の意を感じなくなっているとしたら、それは自分の存在を支える精神的な根拠をが崩壊しているか、無視していることを意味する。そのような国はいずれ解体するに至る。ほとんどの国民が英霊を無視して76年を経た。にも拘わらず日本国は健在ではないか。外形的には確かに存在している。その内実は空洞化している。何かをきっかけに瓦解するのを想像するのは易い。

戦死者を軽視するのは、その戦死者が守ろうとした信なるものに感情移入できなくなっていることを示している。このような心理状況では、国民的な一体性の実感できる機会はない。宣伝屋による作為的な盛り上がりを必要とするオリンピック、つまり代用品で済ますしかない。代用品は代用品でしかない。

(2) 石光真清の回顧録から

日露戦争前から参謀本部の特命により軍籍を離れて写真屋に身分を偽装し、満洲での露軍情報の蒐集に務めた石光の、回顧録4部作は中公文庫にある。

うろ覚えだが、あるとき、清国の牢屋に一言も話さない収容者がいた。日清戦争中に捕まり収容されたらしい。獄吏は日本人ではないかと石光に確認を求める。病床に臥した収容者に面接して日本人と気付いた石光は、瀕死状態の彼の耳元に、日清戦争で日本は勝ったぞ、もう沈黙を守る必要はない、と語り掛けた。すると彼は一筋の涙を流し、数日を経たずして死んだ。その身元も結局は不明だった、という。この史実は無名戦士の世界の出来事だ。「未だ謀士の骨を残すを見ず」(闘戦経・第十九章の末尾)の実証例である。

無名の彼は、軍命に忠実に殉じた。戦線の背後にいての彼の仕事ぶりは獄舎に繫がれたことにより、どこまで活きたのか。日本の近代を守った日清・日露の戦役、それから1945年に敗戦を迎えた今次大戦では、このような人材によって切り抜け得て支えられたのを見落とすと、近未来の日本は危うい。彼にとっては生命を賭して軍命を固守するのに疑いはなかった。その背景には信があり、疑うところがなかった。

(3)「信」を放置し軽視する危ういかな、日本

現在の徐々に緊迫度を増している米中対決も、双方の優秀な人材が眼に見えない世界で熾烈な戦いを

展開している。通常、インテリジェンスと表現される領域だ。孫子にある「謀攻」の世界である。日本は、1952年4月に主権を回復したものの、国家が存続するのに不可欠のこの領域を、制度面でも精神面でも占領下で削除されたままにして、現在に至っている。

国家経営の最も重要な部分が妥当に位置づけられないままに現在に至っているのはなぜか。米国が代行するままにしてきた仕組みに依存する横着さの、戦後保守勢力が支配してきた戦後政治に由来している。なぜ放置して平気でいられるのか。政官・財を問わない今の選良たちの思考が当該面の欠如を不思議としないカタワの状態だから。生命を賭しても守るべき信の有無が問われている。

日本の主権回復後も宗主国然としていた米国にとっては、日本がこの状態にいる方が操作しやすかった側面のあったのを見落とせない。しかし、米国の対中抑止力が低下する趨勢にあって、今の状態のままの日本は好ましくなくなってきている。その分水嶺が2015年であった。以後、日本国内を戦場としての米中の熾烈な闘争が陰に陽に顕著に展開している、と前述したのである。

(4) 日本人になる信の回復の回路

近代世界で日本を守るために殉じた者たちは多い。特に無名戦士の足跡を公開されている範囲でいいから注意深く扱うと、今は見向きもされていない、彼らが殉じた信の一端が明らかになってくる。この三四半世紀の間に打ち捨てられたままになっている軌跡の残片が浮上してくる。眼を凝らした落穂拾いのような作業を謙虚に行うところから、先人たちの哀しみの歩み、轍《わだち》が観えてくる。だから冒頭で「さほど難しいものではない」と述べたのだ。ただし先ずは、占領下で与えられた意図的な先入観は捨て去ることが肝要である。でないと、この領域の持つ重みが不明のままになる。

(R3・04・04)

（三十一）日本人が日本人に再びなるために（三）（補遺十四）

はじめに：日米中間・関係における常識の復権？　やはり菅には無理か

令和3年4月16日にワシントンでの菅《すが》・バイデンによる日米首脳会談で、香港、ウイグル問題への深刻な懸念を日米が共有する方向で、調整が進んでいるとの報道があった。台湾海峡の平和と安定性にも。台湾海峡に触れた報道が流れると、中共党の機関紙「環球時報」が嚙みついた。外交部の副報道官が、日本は得るものより失うものが多い、と恫喝。王毅と同じく言動は只。なんでもありだから。外交は主権国家の専権事項、何を意味不明の言動をしているのか、と公然と応援すればいい。ありていには、無視、と言ってもいい。

共同声明がこの報道通りになると、菅による日本の国際的な威信を一歩、着実に進めることになる。が、公明党代表山口の妨害により上記の諸点は共同声明に記載されない模様らしい。（山口の中共党への媚態は、結局は無視されて、共同声明に台湾重視が盛り込まれた）王毅外相の思惑通りに進められた11月訪日は、失敗に終わったことを示す結果になった。山口は北京の代理人になり果てたのを、改めて示した。こうした山口の動きは、中共党の代理人であるのを公然と示している。

中国側のいう台湾問題は内政干渉という言い分は、ウイグル・ムスリムへのジェノサイド現象の前に我田引水の言い分でしかない。日本の踏み込みは「自由で開かれたインド太平洋」世界の堅実な布石であり、その影響するところは、尖閣問題から台湾海峡の帰趨にまで及ぶ。

（1）日中間での台湾問題の発端

因みに、日本政府は台湾は中国の一部という北京政府の主張を容認していない。「十分理解し、尊重」(fully understands and respects）する、としただけである（1972・09・29。日中共同声明、三項)。

この表現とて、明らかに中共党の言い分に沿ったものであった。当時の外務官僚の抵抗に、周恩来は「法匪」と罵《ののし》ったらしい。当時の外務官僚は、日本が独立国家であった時代に育ち入省した人たちであった。後の戦後派、唯々諾々と違い硬骨漢も居た。周恩来に対峙して一歩もひかない見識が生きていた模様である。

北京政府に尖閣は勿論のこと台湾海峡の安定性についての日本政府の懸念について、「十分理解し、尊重」してもらわねばならない。もし日米共同声明の内容で北京政府がガタガタ言い出したら今度は、茂木外相が令和2年11月の王毅とのやりとりでの不名誉を挽回すべく、国交正常化の原点である日中共同声明を持ち出して、公然と反論してもらわねばならない。日本の外相として、だ。

もし茂木がここで踏み込めば、総裁候補になれる。山口は好戦北京の走狗と認定。これで、今後も公明党の動きは、中国の日本政界への浸透度の目安になる。ここまで媚中の態度を取り続けるのは、公明党の背後団体が中共党と友好関係を結んだ際の、公開されていない協定があるのではないか、との事情通の指摘が説得力をもってくる。

（2）中華民国・国民党が共産党に敗れた理由

日本の敗戦後に結局は中共党の謀攻に大陸でメタメタに敗れた中華民国の蒋介石総統は、日本軍には負け続けたものの、ゲリラの紅軍、後の人民解放軍に敗れるとは想像もしていなかった。中共党による国民党政府への浸透により敗れたのであった。浸透面では、今の日本の政治社会と同様である。

今になって振り返ると、執政党である国民党は軍と政府への中共党の浸透に前近代的な従来の秘密結社をもって抗しようとしたところに、致命的なミスがあった。学生など若い知識人は、国民党の前近代性を嫌ったのである。その結果、モスクワの近代的な訓練を受容した中共党員の優秀な分子の浸透に国民党は抗せなかったから。

チンパンの杜月笙と組んだ上海クーデター（1927・04）の荒療治は、非常時のもので常例にはならない。しかし蒋介石には代案は無かった。一度組んだ秘密結社を切れなかったからだ。今の自民党にとって公明党のような存在だった。獅子身中の虫は、選挙における動員票数をもって影響力を高めて、本体を侵蝕している。

(3) 日中の軍事対決で日本は敗れないが内側からは敗れるかも

米軍との軍事同盟関係を国際常識に準ずれば、軍事対決状況に直面しても、中国に敗れないで済む。統帥を握る中共党の軍事委員会は引き金の権限を現場に決して委譲しない。しかしながら、日本の現有の軍事力では中共軍に対等でやりあえる環境にない。

勝たなくてもいい。敗れなければいいのだ。敗れないための環境作りとは、日本の安保・有事法制をグローバル・スタンダードにするだけ。国会承認を得ない政令改組でできる範囲は多い。この地味な制度整備の実現は自民党選良の覚悟の有無による。今の議員にありや。

政府部内で妨害するのは前述のように連立与党の公明党だ。中共党の友党の政権内の指定席は、海上保安庁の属する国土交通省である。次期総選挙で日共党の思い切った政策転換、例えば期間を切った原発容認などしての野党共闘ができると、公明党は役に立たなくなる。自民党は岐路に立っている。

(4) 交戦権の無い日本国に抑止力はない

局地戦乃至限定戦であっても戦闘が起きた場合、戦闘自体のもつ論理に従い事態は展開する。事態の力学を無視して成立している観念遊戯の「専守防衛」は霧散する。専守防衛に固執して指示を仰ぐ現場に逡巡していると、戦機を失う。専守防衛に基づく現行の未整備な法制は、吹き飛ぶことになる。

あらゆる制約があるからこそ、現場は欲すると欲せざるとにかかわらず、「小虫の毒有る、天の性か」(闘戦経・第三十章)に覚醒することになる。事態が「天の性」を自覚するのである。存亡に立ったとの自意識に由来する自衛本能なのだ。ここに本物の抑止力が産まれてくる。この三四半世紀に絶えて無かった情動である。日本人は死んでいるように見えても、気付くと即応力の発動は早い。

この覚醒は、「小勢を以て大敵を撃つ者も亦然るか」(同上)の公理に基づく対応を導出するのである。

(5) 危機に直面して処する姿勢

非常事態に直面して劣勢であればあるだけ、加えて法制面での制約があればあるだけ、危機の打開をいかに図るか、その器量に応じて「真鋭」は研ぎ澄まされて働くであろう。ここに働く智はどのように表現したらいいのか。闘戦経は以下のように修辞している。

「鬼智もまた智なり。人智もまた智也。鬼智、人智の上に出づと。人智、鬼智の上に出づること無きこと有らんや」(第三十一章)。笹森の釈義では、平時にはない鬼智を発揮できる傍証として、管子の一節を紹介している。「之を思い、之を思い、思うて通ぜざれば鬼神之を助く」と。この神助を得るのは容易ではないのは、１９４５年の敗戦に到る経緯に出ている。

玉砕に至った兵士たちの多くは、天祐神助を祈願したに違いない。天は応えてくれなかった。そして兵らは兵站劣勢の中に粛々と戦闘に身を投じた。思い余るものを抱きながら。後世の私たちは、そうした事態を招かないように心掛けねばならない。でないと、先人の悲痛な経験を再来することになる。敗れないためには、学びにより経験知を蓄えて発酵させ発揮するしかないのである。

（R3・04・06）

（三十二）いま、何故『闘戦経』なのか（あとがき）

はじめに：なぜ、この連作に取り組んだのか

当初は十回程度で済ませるつもりだった。直接的な動機は、中国の急速な台頭と傍若無人の振舞いに諾々と追認に終始する日本の政治に、危機感を抱いたからだ。公然と反発するのは日共党しかない有様の先を想像するのも嘆かわしい。春たけなわといいながら、うそ寒いのである。当分、寒の戻りは続く。

以下はすでに述べたことの繰り返しと思われる向きもあろうが、強調したいためと寛容ありたい。

ここでは、この抄文の背景に流れる基調、この三四半世紀に見ないフリをして、世代の交代とともに気付かなくなった、と思われる日本人の死生観の一端を明示したい。それを我が身にあることを踏まえないと、闘戦経の章文の言外の意は不明に終わる。ここが不明だと結局は闘戦経が自覚化した原日本の思考形態の輪郭が意味不明になる、ということだ。

(1) 闘戦経の執筆された前後の外敵来襲の事件

著者の記述した頃が平安時代としたら、当時の日本の国家観念がどういうものかを知るよすがは極めて乏しい。せいぜい藤原氏主導の摂関政治ぐらいか。しかし、日本にとっての鮮明な外敵の存在を意識させられたのは、1019年の対馬・壱岐、そして北九州の沿岸を50隻の船団で襲った「刀伊(女真族)の入寇」がある。島民の多くは虐殺され、大略1600人近くが拉致された。奴隷を求めるための襲撃であったとの説もある。だが、壱岐での徹底した掃討戦を見ると、そうとも言えない。

高麗に救出された対馬出身者の270名は高麗側の配慮で帰国できたという。このため、襲撃の背後に高麗がいるのではとの憶測も生まれた。この事件は当時の日本政府に相当な衝撃を与えた模様である。闘戦経の著述に多大な影響を与えたかもしれないが、本文には一切、記述はない。とすると、著述は、それ以前と見るのが妥当のようである。

(2) 統帥を握る将たるものの在り方に傾注する

闘戦経の実用的な主題は「統帥を握る将たるものの在り方」に傾注しているように思われる。近代日本の兵事は、この分野で遅れをとって、結局は敗れる仕儀に相成った。統帥の思想においては、有史でも十世紀近い経験がありながら、近代的な思惟で武装している米英ソに敗れたのである。

身につかない横文字直訳の「近代的な思惟」に自前の発想を接合させるなど、簡単にできれば世話はない。実際の主戦場が日本にとっては古代から因縁浅からぬシナ大陸にあったのが、いかにも口惜しい。現場はシナでも、そこで繰り広げられていた政治力学は、英ソ米の使嗾と介入であった。日本は、あっちむけほい、こっちむけほいのきりきり舞いをさせられた挙句に、太平洋に飛び出して自滅した。

既往の本文でも繰り返した「漢文、詭譎あり」（闘戦経　第八章）と「孫子十三篇、懼れの字を免れざるあり」（第十三章）と、せっかく古人が伝えていたものを、欧化と言う文明開化を優先した近代日本の兵学の背景は、あまりに浅学に過ぎたのである。孫子の上掲の二つの命題は、インテリジェンスの重視である。しかし、大正・昭和の時代は、明治の日清・日露での勝利に幻惑されたのか、それを見失ったように見える。

1945年の敗戦に至る貴重な奇禍の体験を奇貨にする深刻な反省を真摯に行わないで、なんと三四半世紀を経て現在に至っている。これを敗戦後遺症という向きもある。だが、自前のインテリジェンスの確保を好まなかった内外の政治力学の働きも見落とせない。

昭和の貴重な体験の初回は悲劇として、近未来にあり得る2度目では喜劇を演じることになりかねない舞台ができつつあるように見える。この悪夢は、思い過ごしであってもらいたい。でないと、三百万余の英霊に申し訳ない。

（3）死者との共生、幽顕一如の死生観

日本だけに限らず残された古代文明の遺跡を見ると、古代人はその生を現在だけに限定しなかった。現世は幽界と無縁ではないことを実感していた。エジプト文明にその一つの典型を見出すことができる。

日本列島でも住民はその生活環境の中で、死者と生活を共にしていた。幽界と顕界は表裏の関係にあり、時に幽魂は幽明をものともせず、自由に行き来していると信じられていた。第二の国歌とも称せられている万葉集に収録されている大伴家持の作「海ゆかば」は読み方にもよるが、蘇生・黄泉がえりを前提にして読むと、死者再生の歌と見なした方がわかりやすい。幽顕一如の死生観が自然体になってい

るから詠まれ得たのである、と言ってもピンと来なくなって久しい。「敗者の戦後」としての最も深刻で不幸な現象としか言いようがない。

死者との回路を人為的に絶たれた敗戦以後の弊風に馴染んでしまった現代の日本人には、大伴の素朴に詠んだ気持ちは実感できるのが難しくなっている。気取った言い方をすれば、近代現象としての欧化の果ての世俗化（secularization）は、日本改造の占領政策により拍車を掛けられて、近代以前まで日常に生きていた古代から継承されてきた情操豊かな精神を地上から消したのである。

（4）原日本人の意識に回帰する道程は

現代の公教育に問題がある。知育・徳育・体育の三原則が教育の基本のようにいう。ここに最も大事なものが抜けている。それは「気育」とでも形容できる領域である。海軍兵学校の五省の三番目にあるのは「気力に欠くるなかりしか」である。気が活発にあって、知育・徳育・体育も発揮される。気が抜けると、この三原則も成立しなくなる。

霞が関の住人である官僚のテレビに映る精気のない表情を見るといい。そこまで来るのに「気」の本源を必要としないで辿り着くと、あのような人相になるようである。あれが国家経営の選良なら、亡国は容易である。

竈門炭治郎の歌の一節に、「どんなに打ちのめされても守るものがある」を己に持していると、元気は内発される。この三四半世紀の日本人は、「四体未だ破れずして心先ず衰うるは、天地の則に非ざるなり」（闘戦経・第十四章の末節）になっている。

その風体は天地の則に反してゾンビになりかかると、現在の霞が関や官邸の住人になれる。類は友を呼ぶから。その原因は「守るものがないからだ」。あるいは守るべきものが何かが不明のまま、76年を経た日本社会で生を偸《ぬす》んだから。

(5) 気とは何か

闘戦経・第十四章の冒頭節は、「気なる者は容を得て生じ、容を亡《うしな》って存す」とある。失って存すとは表面上では意味不明である。それを説明するのに、「草枯るるも猶《な》ほ疾を癒す」と薬草の効用で暗示する。気は永らえている、要は、それを実感できる境地に己を鍛えているか否か、なのだ。日本人にとりこの76年は無為か有為の時かに沈思すれば答えは出る。これも守るべきものを持しての容《かたち》をどう図るかに気を集中できるか否か、に掛かっている。

(R3・04・10)

二部　超限戦の攻勢に直面している日本文明

前置き　いま、何故、『闘戦経』なのか

本稿は、令和3（2021）年4月16日のワシントンにおける日米首脳会談及び日米共同声明の発表という新しい事態を、日本としてはどのように捉えるのが妥当かを考える。戦後の三四半世紀では当事者が日本人でありながら触れなかった側面を直視する作業を試みる。そこで、湾岸戦争を契機に中国の軍部から生まれた「超限戦」という著者の言い分では「非軍事の戦争行動」に力点を置いた新しい戦争概念による積極化している「浸透」の現実を意識しつつ、闘戦経の到達した理義を根底に置きながら考えてみる。

現在目前に起きている現象は、戦後76年にわたり絶えてなかった直接に「戦闘行為」がありうる事態に日本が直面しつつあるということだ。尤も、1950年6月から北鮮軍が38度線を越えて南侵してから始まった朝鮮戦争は、初期に韓国軍と在日米軍を主力にした国連軍が釜山周辺に追い詰められた際、韓国軍の幹部から緊急避難の措置として北九州を占拠する案が議論されたという。

直接に「戦闘行為」がありうる事態を唯一の同盟国である米国との間で確認したのが、今回の訪米であったのは、共同声明の文脈に明らかである。しかし、こうした緊迫している事態を、当事者も国民もあまり気づいているように見えない。自衛隊は媒体に登場するOBの発言を聞く限りでは、その可能性を自覚しているようだ。

以下の諸稿では既往の拙稿を再説した部分もあるのは、主題からくるものなので了承ありたい。

（R3・05・16）

はじめに：「緩慢な自殺の過程」での超限戦に備える（外説一）

既往の闘戦経に関わる概説でも記しているように闘戦経の起源については諸説あり、正確なところは不明である。状況証拠からの類推だが、11世紀から12世紀と幅がある。筆者は、刀伊の入寇（1019年）以前と考えている。原文は漢文の記述内容から、平安時代で武家が政治を掌握した鎌倉時代以前の作なのは確かのようである。

伝承された箱書きには孫子との併読を勧めているところから、この作品は、半島経由で大陸から伝えられた兵学諸学の必要性は認めつつも、日本の風土・国情の自覚に基づく知的な営為の産物であった。之から類推されるのは、漢字を含めた古代シナ文明の流入による文明の遭遇を5世紀ぐらいをかけて咀嚼した成果の一つであった、と推察できる。この認識は闘戦経の解釈に取り組む際に、あらかじめ求められる在り方である。

この書の主題が個人の生き死にではなく集団の生存にかかわる分野であるところに、扱いに慎重さが求められる。加えて、通称で戦後といわれるこの三四半世紀の日本は、自衛隊はともかく一般国民は兵学に神経を注がなくて済んできた、苛烈な戦争を余儀なくされた外部世界に比して、稀有で「至福な期間」にあった。

しかし、今後の推移によっては、この間の至福の無為が、日本及び日本人総体の「緩慢な自殺の過程」を意味するものに変じて、日本人にとって致命的になりかねない可能性をも有しているのを見落とせない。闘戦経の追求し到達した境地そして内容は、そうした「至福な期間」を是とする戦後日本の思潮の在り様を、真向から拒んでいる。

中国は日本のＯＤＡの支援による社会インフラ整備や技術協力を強力なテコにして、１９９０年代から始まった離陸と経済成長を背景に世界の工場となった。豊かになった国家財政を背景に急速な軍備増強を図った。日本を含む近隣世界に海洋での領土拡張の展開が日常化した中国は、日本の安全保障にとって極めて迷惑な存在になってきた。１９７０年代から始まった日中「友好」半世紀の現実である。こうした韜晦を経ての豹変は、中共党に限らずシナ政治の常則である。それを近年は超限戦という。

(1) 80年代初期の日中友好は泡沫《うたかた》の夢

最近、ＮＨＫ・BS３で再放映された（２０２1・8末に終了）、日中共同制作と銘打った、山崎豊子『大地の子』は、満洲開拓団の残留孤児がどのような辛い変遷を経たかを克明に追う。日本人の父親に再会したのは、主人公のはぐれた妹の死の直後という悲惨な場であった。

新日本製鉄をモデルにした日中友好の証としての宝山製鉄所とおぼしき場でのプロジェクトの日本側の現地代表が父親、中国側の通訳代表としての主人公という奇しき因縁。幾多の苦難を経て、製鉄所の火入れ式には日中友好の証として、両者が参加して一応の成功となった。

妹は、敗戦直後の混乱で開拓団や兄とはぐれ、どうやら市場で売られているのを貧農に買われて、妻になり生きてきた。残留孤児の悲惨な記述されている内容はおそらく事実に裏付けられているだろう。

しかし、最後半の内容は牧歌的な物語りになる。最終の美談は、絵空事としか思えないのは、現在の中共帝国を知るから。この小説の作成に当たっては、当時の総書記・胡耀邦が取材に全面的に協力したという。彼女が胡に会って意気投合？　した3年後の1987年に、胡は失脚した。親日派との烙印を押されて、党内保守派の反動が起き、鄧小平も庇いきれなくなったのであろう。反動現象の最初は、82年の南京大虐殺記念館の創設決定に鄧小平が拒めなかったところから来ている。85年に鄧小平は南京に赴き記念館の揮ごうをしている。党内に根強い抗日保守派に勝てなかったのである。

なぜこうしたいやらしい反動的な作為が起きたのか。80年から始まった日本の経済協力に対し、中国社会に圧倒的な歓迎気運が台頭し、中共党の保守派が怯え、改革派の泰斗である鄧小平も抑えが利かなかったからである。胡耀邦の後を継いだ趙紫陽も、1989年6月の天安門事件で民主を要求する学生に同調したと、詰め腹を切らされた。この現象から中共党には根深い自分たちの権益だけを最優先する勢力が主力であるのを暗示している。人民の要求は二の次。

最悪なのは、日本側が経済を優先して、中共党主流による韜晦を見極めて切実な対応をする取り組みに無神経であったところだ。山崎豊子も、こうした中共党にある隠微な統治心理が有力なのに気付いた気配はない。それは、最近の中国の傍若無人ぶりを想像だにしていなかったのは、小説『大地の子』の物語の最後の展開の仕方に提示されている。大地の子はあり得ず、浮遊の子でしかない。日系は鬼子なのである。

また、山崎には、胡にもある相手、とくに夷を手段化して当然とするシナ人の負の特性にどこまで気付いていたのやら。胡耀邦の政治生命に配慮したとの名分で、靖国神社への参拝を中止した首相時代の中曽根康弘も、相手を見誤ったその一人である。

（2）周囲にとって迷惑な存在の由って来る理由

中国の存在が周辺だけでなく迷惑になっているのは理由がある。中共党には、達成すべき明確な国家目標があるからだ。米国政府内の中国通であるピルズベリーは、それを建国1949年から2049ないし2050年を目途とする『百年マラソン』として把握し本にした（2015）。1972年に国交をして半世紀近く経って、やっと気付いたのである。中共党の公然の秘密である党是は、2049年までに世界一の超大国になる、ということだ。

この目標達成のためには、あらゆるものは戦力資源として投入することが許される。それには、敵対する相手も活用し手段化するのも自明である。その理論的な裏付けの一つが『超限戦』（1999）の方策なのである。日本もその対象になって公然・非公然の工作を隠微に展開している。そして、気付かずに利用されている人士は多い。

（1）米に次ぐ工作対象である日本は気づいているのやら（外説一）

尖閣諸島への自国領との主張を裏付けるための制度改革によって、行政機関から軍の指揮下に入った日本の海上保安庁なる海警で内実は準軍艦である海警公船の常態化した領海侵犯など。ここに見られる現象は、現在の日本政府の弱腰によって増幅し、令和2年11月の王毅外相の訪日の際の言動に見るように（扉を参照）、その増長ぶりは目に余るものになっている。

事態改善に一歩進めたかの対応の一つが、4月16日のワシントンにおける両首脳による日米初の首脳会談と共同声明で、台湾海峡の平和と安定に触れたことである。中国は執拗に内政問題だと主張しているから。台湾海峡の安全は尖閣海域の領土保全にも直結している。ここに至って日米双方は、『台湾有事は日本の有事である』、という確認をした（産経、04・21「正論」兼原信克）。

日本政府は米国がジェノサイドと認定したウイグル問題に「あえて」協調的に触れたことで、訪米直前の連立与党の公明党代表山口の公言していた期待を削いだ。山口の言動は立法府での北京利益代表としては当たり前の動きだが、菅はワシントンで軽くいなした。このことの意味するものは、日中間のインテリジェンスの世界の出来事として観ると。中共党の公明党担当者は責められているだろう。引責問題に直結すると考えてもおかしくはない出来事ではあった。

これからの日本及び日本人の生き残りのために、米国を主力にしての日本非武装の一環としての、戦争や戦闘のテクニカルな側面とメンタルな領域を削除した異様な戦後日本の国家・国民の意識の総括が、必要不可避になっていることに気付く。軍事の領域を踏まえない「外交」はありえないから。外交は武器を用いない戦争なのだ。この総括から、表題の中共党による「超限戦」の攻勢にさらされている日本の置かれている立場も明らかになってくる。

また、日本兵学の古典である闘戦経の日本思想史での位相を、意外な出来事というか成果から鮮明にすることで、現在の日本文明の立ち位置も、シナ大陸に興亡してきた文明とは異質な特徴の一面も明かになる（後掲「（5）闘戦経に至る思索が深められた半面での創成」を参照）。

文明史家A・J・トインビーは、日本はシナ文明の子文明としたが、むしろS・ハンチントンが『文明の衝突』（1996）でいうように、独立しているとの見方が妥当であるのがこの事例からも充分にわかる。超限戦を仕掛けられて敗者になるかどうかは、日本文明の特質に日本人自身が気付くかどうかに懸かっているといえよう。闘戦経の本義を知るのはそのきっかけの一つになる。現在、すでに「文明の衝突」過程に入っている、との自覚がありや。以下の起論は、その問いかけである。（R3・04・29）

（2）2021年4月の日米共同宣言の読み方（外説二）

はじめに

1964年10月のウイグル新疆自治区での核実験の成功以来、紆余曲折を経ながらも着実に核保有国として存在感をもってきた中国は、前述のように1990年代からの急速な経済成長により、潤沢な国防予算を背景に強化して、すでに日本の防衛予算をはるかに超えている。日本は非核国でもあるし、細菌兵器、大陸間弾道弾を含めて装備等では、非対称的な存在になっている。

日清戦争前のアジアでは並ぶもののない鎮遠・定遠という東洋艦隊を誇示されていた前の日本のような状況にある。この現実が、例えば尖閣での常態化した海上保安庁の巡視船への彼らの挑発そのものの侮りに繋がっている。政府は専ら日米安保条約5条の適用範囲に尖閣が入っているのに「すがる」。これを政権党ら同盟外交と自画自賛しているが、主権国家の外交といえるか。

今回の共同宣言の読み方には様々な文脈が秘められている。日中台を主軸にした東アジアからの事態認識は、従来の枠組みを基本的に超えて捉えているのは確かである。今まで存在していながら北京に気兼ねして、台湾はあたかも無いように振舞っていた日本外交をかなぐり捨てて、なんと主役を台湾にしている。名指しで深刻に警戒された中国の反発が、口先はともかく意外に大人しいのは、その急激な変化の背景分析と評価に忙しいからだろう。

（1）中国の急速な勢威台頭の背景を簡単におさらいする

ここで、中国の急速な勢威台頭の背景を簡単におさらいしておこう。

１９９1年にソ連が崩壊するまで悔しくてもソ連に対峙できなかった。１９５６年のフルシチョフによるスターリン批判から始まった中ソ対立に、口頭は別にしてソ連の勢威にびくびくしていたのは、ブレジネフによるゴビの中モ国境沿いへのソ連軍40万の配置に出ている。ソ連軍は北京をいつでも衝ける態勢であった。米中接近の背景事情である。立役者キッシンジャーは野心に眼が眩んで無防備に接近したが、米側の対中接近は北京にとっては干天の慈雨であった。いずれキ博士の死後、米国内でも彼の「罪」が深刻に糾弾され、総括される日も近い。すでにその前兆は、ピルズベリーの『百年マラソン』に出ている。

中共党中枢が小康状態になったのは、１９７2年の米中国交正常化による米中関係の新態勢であった。現在では考えられないものの、口先はともかく武力では中国は米国に自国の運命を委ねるしか選択肢はなかったのである。

中国経済社会のあまりの惨憺たる状態に、米国の要請に応じて中国のテコ入れに官民一体で最大限の支援をしたのは日本である。前年12月の大平・華国鋒の共同声明に基づき１９８０年から日本の経済・技術協力が始まった。その結果、日中の経済関係はすでに抜き差しならない状態になっている。両国の貿易が対米貿易より多い現実が物語っているものは大きい。

この現実の評価如何は日本経済の死命を制することになる。中共党の中枢はこの現実を戦争資源としていかに活用するかを多大に考慮しているのは想像に難くない。超限戦の「非軍事の戦争」行動のモデルケースになるかどうかは、ひとえに日中経済関係についての日本経済界の主力の認識いかんによる。これまでの対応で見る限り、経済界がどこまで中共党の戦略的な展望に気づいているかは、疑問である。中国経済は、ソ連の解体による内陸アジア政治の不安定を補うための1996年の上海ファイブから後の上海協力機構（SCO）の設立を経て、ユーラシア大陸を併呑しようとの2014年の「一帯一路」構想への展開になって、今日に至っている。ユーラシアと太平洋はすでに中共国家にとって不可避の存立条件になっているのだ。そこでの日本の立ち位置の重要性を中共党は十二分に承知している。

（R3・04・29）

（3）超限戦という概念の提起を軽視するな（外説三）

はじめに：超限戦という捉え方の出現した背景

ここで取り上げる「超限戦」とは、ソ連の崩壊後に起きた1990年のイラクによるクウエート侵攻と占拠を理由に始まった湾岸戦争（1991・1）での、米国によるソフト・ハードのあらゆる面での全く新たな戦争形態を、核保有以外は後進国並みの条件しかない中国軍としては、どのように把握すればいいのかに取り組んだ、中共空軍の二人の政治将校による貴重な労作であった（1999年）。

なぜ、空軍なのか。湾岸戦争の特色は空前絶後の大規模な航空戦力によるイラク軍の粉砕であった。この新しい事態に政治将校として切実に受け止めた結果であろう。従来の常識では米軍に到底対抗できない現実に直面したからだ。

筆者は刊行直後の原本を台湾で入手した。台湾大学の既知の歴史学教授が、今後の中共軍の戦略生態を知るのに参考になると教えてくれたのである。日本に紹介された際には、現代版の孫子の兵法という評価だった。超限戦という命名から窺えるのは、孫子というグローバル・スタンダードな戦争学の定理を湾岸戦争に対抗する方策に反映させた試みであるから。当時では軍備的にあまりの劣勢な側として。

(1) 湾岸戦争から9・11まで

さらに、刊行以後の出来事、例えば2001年の非対称な戦闘とも解釈できる9・11事件を予言していたとも理解される結果になった。著者も、この予言という言い方に肯定的な対応をしている(日本語版序文。2001年9月)。

この事件は、超限戦の作者が形容した「非戦争での軍事行動」ないし「非軍事での戦争行動」であった、と見做したから。即ち、超限戦そのものの典型例となって世上に伝わったからである。

しかし、この予言の意味するものを日本の読者はどこまで咀嚼し我が物としていたかは、これまでの経緯と以後の推移を見る限り疑問である。前述の軍事学や戦争学とは無縁な戦後日本の思潮下では扱いかねた、と見るのが妥当のようだ。

そうした状況での今回の日米共同宣言の提示である。

(R3・04・29。追記、10・23)

(2) 今回の日米共同宣言での台湾重視

今回の共同宣言から読むならば、例えば「台湾海峡の安全」とは超限戦の発想から読むとどうなるのか、日本に直接する身近な問題として提起されているのを今の日本人はどこまで感じているのだろうか。

こうした現実に対し、前掲の兼原信克による「台湾有事は日本有事」という見地への、中共党による「非軍事での戦争行動」になる対日政策の再編が大きな課題として浮上してくるだろう（産経新聞04・21「正論」）。北京・中南海にある対日工作組による、超限戦発想に基づく「非軍事の戦争行動」の取り組みの強化である。最も取り組みやすいのは、おそらく「認知戦争」の領域と思われる。主題は歴史戦＊である。彼らの予算の潤沢さの実証は前掲のピルズベリーも解明している。日本は無きに等しいし、相手の攻勢に即応する組織も無い。

日本と台湾の接近は、北京にとって最も好ましくない在り様である。しかし、中国の海洋進出が強化されればされるだけ、日台の関係が緊密になるのは、いわば当然の力学である。北京の動向が、日台の関係強化をもたらしていることに気づかないほど北京は鈍感であろうか。そうではない。知りすぎるほど知っている。だから、頭を悩ましているに違いない。だから、対日心理戦としての超限戦の展開に、日本は細心の注意を払い、それなりの積極的な対抗策を講じる必要がある。

＊認知戦と同格ともいえるこの分野の厄介なところは、サイバーを用いてのターゲットにされた国への浸透である。日本はほとんど無防備といっていいのは、文科省の歴史教科書での採択における学識経験者及び文科官僚の動向に見ることができる。大臣の存在など有名無実・有識無権であったことが明らかになった。歴史戦では明瞭に敗れているから。

（一）日本の実状と打開の可能性

（4）「非軍事の戦争」の渦中にある現在の日本（外説四）

今次・日米首脳会談と共同声明になるまで、日本政府がウイグル人へのジェノサイドへの明快な意思表示を北京政府にも国際社会へもできないで来た背景には、何が働いていたのか。サプライチェーンのしがらみにある日中の経済関係を非軍事的な戦争要因として戦力化する、中共党による日本の財界や政治社会への目に見えない浸潤があったのは確かだ。

人間重視をいう創価学会を支持母体とする公明党が沈黙を守るだけでなく、ウイグル人の人権侵害をいう自民党内の動きにまで足を引っ張るところから、何が観えるか。中共党に無原則に迎合するように仕向けられているある種の拘束の存在が透けて見える。背景は推測になるので、これ以上は記せない。しかし、この現象の評価では、着実な浸透であり分断工作としかいえない。

こうした奇妙な現象を当該分野の最新の学説でいう、“cognitive warfare”（認知戦争）から俯瞰するとわかりやすい。公明党の山口代表の視野には、ウイグル人の強制収容所は証明として写真を見せられても「認知し得な」くなっている。連立与党の代表が自主的に中共党の軍門に降っているのだ。寒気がする。

（1）現在の中共党による対日攻勢を文明の浸透現象として俯瞰する

ありもしない南京30万虐殺説や防疫研究を針小棒大化した七三一部隊、万人坑を言い立てるのは、歴史（偽史）を担保にした「認知戦争」を仕掛けているのだ。日本国内には中共党の創作に喜んで協力する学者（?）や媒体従事者はゴマンといる。盲目に気付かない友好論者である。国立私学を問わず中共軍には大学を通して軍事協力する日本学術会議の会員までがいる。

最も新しい暗号解読によって証明されているのが、日本との戦争にはまり込んでいったルーズベルト時代の国務省には、モスクワへの同調者が浸透していた（ヴェノナ文書）くらいだから、今はその浸透は一層洗練されて巧妙であろう。米国のアカデミーへの浸透は豊富な資金援助で席捲されてしまった。

ソ連健在の頃のモスクワの意図は、世界革命を目指す自政権を守るために、敵である帝国主義国間の抗争を誘発するにあった。レーニンの帝国主義観に拠れば日本は遅れてやってきた帝国主義国のために、最も弱い輪であった。昭和日本がシナ大陸で泥沼に嵌ったのは、軍を制御できなかった帝国議会や日本外交の蹉跌にあったが、背景にあるモスクワ発のこの見事なインテリジェンスの大状況を見落とせない。ゾルゲ事件はこのマクロの見地から見ないと見えない現象が多い。例えば同時期の米国中枢への浸透は日本とも無縁ではない。

（2）日米中3国の関係構図を省察する

日本敗戦後の超大国米国の強みは、大西洋と太平洋の双方での覇権を保持してきたところにある。日米戦争は太平洋の覇権を巡る戦いであった。外交上の拙劣さから日本は敗れた。現在の米国の覇権にとって、日本の存在は極めて大きい。日米同盟が怪しくなれば、太平洋での覇権も保持できなくなる。この認識では、日米間で双方が同じ次元で事態認識を共有しているようにはみえない。そこが、北京政府による対日工作の最大のねらい目になる。

中国が百年マラソンの勝者になるのは日本の確保如何なのだ。地政学的に見れば、台湾も日本が中国に傾斜すれば現在の自立は危うくなる。中共党の延命にとっては台湾と日本の存在の帰趨は死命を制するのである。今回の日米首脳会談と共同声明は中共党の順調な思惑に冷水を浴びせた。

欧米の媒体は小さく扱ったらしいが、東アジアの趨勢ないし形勢が観えているとは思えない。事の本質が観えていないのは、ユーラシア東西の双方を視野に入れてのスターリンによる、ベルリン封鎖（1948・06〜49・05）と揚子江（長江）中共軍が渡河（49・04）して国民党政府の首都南京を陥落させた際の相関に気づかなかったときの、欧米人の視野の狭さを想起する。

（R3・04・30）

（5）闘戦経に至る思索が深められた半面での創成（外説五）

平安時代の日本人の足跡、踏み固めた轍こそが、次に来た鎌倉時代の日本国の輪郭や基礎を形作っていった、と思われる。闘戦経のキーワード「我武」を象徴する挿話だ。平安時代の日本文明にとっての重要さや深さを見極めるには闘戦経を読むのが早道であろう。

孫子が輸入されて以後、兵事を任とする者は、その体系の習得に持ち前の真摯さによって自家薬籠中のものにすべく取り組んだに違いない。多くの試行錯誤を経て、日本刀に「反り」をもたらしたように、その境地の成果の有力な一つが、闘戦経の章文に凝縮されたのである（反りについては、前掲の一部まえがき（4）を参照）。

平安時代のこうした密かな営為の蓄積あって、後に元寇の役での蒙古軍の来襲に対峙し得たのであった。当時のモンゴル軍は世界最強の軍事力を誇っていた。日本の軍事力はハード面では到底敵うはずもなかった。

シナ文明に接触して以後、発酵と熟成に5世紀かかったとしたら、近代では主流の the West 文明に接してまだ2世紀に満たない。咀嚼の時間は十分といえるか。まだまだ学習の時間ではないか、という感じがするのは否定できない。とくに現代世界での国家や国家を超えた力（パワー、帝国と称してもいい）「覇権」の制御に関するノウハウについての経験が不十分の気がする。この分野に思いが至らないのは、第二次大戦での敗因なり失敗なりの研究への国家レベルでの包括的な取り組みの不徹底と裏腹の関係にある。

自国の歴史及び軌跡を他国の評価に依存して済ますようでは、主権の確立は先の先になる。先の先には本来の日本が存在しているのやら。自立の第一歩は自前による包括的な第二次大戦史料集の編纂であろう。それも「闘戦経」の世界認識である「我武」に基づけば批判するところなし、なのだが。そこから「創成」が始まる。

（R3・04・30）

（6）東京オリンピック２０２０の総括（外説六）
―日本文明を貶める日本人

８月８日に東京オリンピック（五輪）は閉会式を迎えた。武漢肺炎（コロナ）騒ぎで地方での競技の例外を除き、観客の無い大会となった。メダルは史上最大の獲得となり、多くの国民はＴＶを通して参画し、大いに満足したのであろう。しかし、五輪史上では初の異様な行事の展開であった。どのように評価するかは、すでに成功した、との見方が大勢を占めている。自画自賛である。

ここでは後世のために一つの少数意見を提示しておきたい。

（1）開会式での陛下の御言葉の際の異様な出来事

既存のＴＶや新聞では自主管理か、情報統制がされていたために尾を引かなかったが、現行憲法でも「国民統合の象徴」と明記されている天皇陛下の開会を告げる御言葉の際に、菅首相や主催者の都市である東京都の知事・小池らが起立せずに座っていて、途中から小池が気付いて菅首相を促し、二人で起立した、との報道があった。

なんと組織委員会が運営の仕方に気配りが足りなかったと陳謝して、事を収めたのである。不敬との市井の批判というより非難に応えたのだが、これは問題のすり替えである。組織委の責任ではなく、菅、小池の常識がいかに貧困かを示しただけのこと。国内だけでなく世界に二人の非常識さを晒したのを確認しておきたい。

首相は外遊して帰国した際、皇居に向かい帰国の記帳をする。

4月に米大統領バイデンとの首脳会談のために訪米して帰国した際に、首相官邸に直行して翌日に記帳する不手際があった。例え多忙でも記帳に要する時間は10分程度らしい。ここでの菅の失態は、菅自身の非常識もさることながら、側近も非常識で首相と共有しているのを覗わせている。

この非常識がかなり強固なのは、今回の開会式での振舞いに露呈している、と看做さざるを得ない。しかも姑息なのは、組織委の弁解で済まそうとしたところにある。ことの不始末の意味を首相も知事も不明であったために、組織委がしゃしゃり出て、恥の上塗りを満天下に示したのである。

（2）田久保忠衛の『正論』

評論の世界では保守派の重鎮である田久保は、東京五輪を総括して、「中心を失い浮遊する日本に活を」と題する一文を産経紙の『正論』に発表した（8月11日）。文末に「東京五輪の国際舞台で、国歌が演奏され、国旗が掲揚される度に胸が熱くなるのを覚えた日本人は多かったろう」と記し、続けて「『国際』の中で日本がアイデンティティーを示す出発点になるに違いない」と結んだ。

この見方は希望的な観測としてはいいのかもしれない。しかし、現実はむしろ題名のように「中心を失い浮遊する日本」であるのは、上掲の菅首相や小池都知事の振舞いを見ればいい。中心を軽視し貶《おとし》める振舞いに励んでいるのである。しかも、それに気付いていない醜状である。

（3）橋下徹・元大阪府知事・大阪市長の振舞い

五輪のさ中、確か8月1日、フジテレビの朝の報道番組で、メダルを獲得した選手、柔道だったか4

名か登場。常連のコメンテーターというのか橋下は、彼らに試合中の心境の中に国家のためというようなものがあったかどうかを聞いた。選手たちの一人として、有ったと応えた者はいなかった。印象では、橋下の問いかけの意味がわからなかった模様である。カンの鋭い橋下は、通じていないのを読み取り、深追いせずに質問を打ち切った。

ここには、田久保の上掲の所見が選手にはほとんど通じていない現実がある。国家は失せて出身地が強調されている。半世紀前の東京五輪に際しての日本選手団の心構えであった、国家や国歌を背負った気概、それは現在の田久保の心情と共有するのだが、それとは隔絶しているのが現実である。橋下の判断と田久保の情感のギャップにこそ、今の日本社会の精神状況での問題がある。

(4) 今次五輪の意図は？

元来、石原慎太郎・東京都知事が、日本の沈滞ムードを一新させようとして招致に取り組んだ。そこに東日本大震災が勃発。コンセプトは復興五輪になった。石原知事の後を継いだ猪瀬直樹も招致に取り組んだものの、献金問題の醜聞で辞任。次の舛添要一も醜聞で辞任。そこに小池が登場した。そして、復興という主題は当初はともかく、徐々に不鮮明になった。

武漢肺炎騒ぎで一年の延期になると、主題としての復興という印象は益々遠のいた。頑張ったのはサッカー競技で有観客を実現した宮城県知事・村井嘉浩である。

東京五輪は、本来なら、開会式で自然災害である津波での犠牲者への黙とうという節目があって然るべきだが、祀《まつ》りの側面は失せて、専ら直会《なほらい》だけが前面に出てきた。死者への鎮魂という配慮など全く消え失せていた。

今次五輪の総括

浮かれていたのは組織委の開会直前の醜態に出ている。過去に身体障碍者へのいじめを自慢した者やナチスによるユダヤ人へのジェノサイドを公開の場で冗談にした者が起用されていて、ネットで問題化すると慌てて馘首した。そして、組織委の事務総長の武藤某は、記者会見でこうした人選の責任は直接的には無い風の言い方をした。

武藤は旧大蔵省事務次官経験者である。この程度の弁解をして責任逃れをする者が、官僚として最高位になれるのである。国内ではそれで済むだろうが、ユダヤ人には通じない。いや、国際間では通らない。

さて、本稿はどう締めくくったらいいのか。復興五輪という主題が方便でしかなかったのは、その後の経緯に出ている。これは東日本大震災の死者への冒涜である。この種の冒涜は必ずしっぺ返しを招来するであろう。今からでも遅くない。直接的な関係者は虚心になって例えば大川小学校の生徒たちへの墓参りをすべきである。しかし、しないだろう。現在の日本社会の問題点は、五輪の運営への取り組みにすでに露呈していることに気づいていないから。

日本文明の具象とは、有史でも千有余年になる男系で継承されてきた皇位に出ている。それへの国際間で通じる敬意の表し方に不明な主催都市である知事、首相の振る舞いから、日本文明を貶めるのは日本人であるのが鮮明になった。

日本の始原を神話に因り、古事記、日本書紀に記されているようにイザナギノミコトが造ったと、誇り高く記している闘戦経・第二章の在り方など、関心の埒外にあるのだろう。こうした状態は、超限戦

に基づき陰に陽に展開されている心理戦工作に戦わずして敗れている証明である。（R3・08・29）

（二）超限戦と闘戦経の読み方

（7）超限戦思想下の取り組み方あるいは読み方

はじめに：

中国空軍佐官の政治将校の記述した、米国の軍事力を凌駕しようと思索した成果である孫子の思想に基づいた『超限戦』というコンセプトによる新たな兵法の提示は、戦争の経営にとって使えない資源はない、との古来の孫子の提言の再確認だ。

人事百般、ということは人民、自国だけでなく敵対する国民、自然環境の全ては戦争に役立つ、という見地は、毛沢東の戦争観にある。この『人民戦争論』も毛の独創ではなく、シナ文明伝来の感性に基づく戦略・戦術と無縁ではない。むしろ根ざしている、と観ても間違いはないと思う。

（1）いずれ来る決断の時

生産・物流を含めた日中台の3国の経済関係は、複雑に入り組んだサプライチェーンを構成している。

一刀両断と言う具合にいかない現実になっている。中共党は日本の経済界に、それを見据えての「友好」をテコに工作を展開する。サプライチェーンも戦争資源にさせることができるのだ。経産省も経済界も気づいているのやら。アンテナのはずの媒体が最初に中国の軍門に下っているようだ。おそらく、気づいている気配はない。尤も、経済安全保障というコンセプトを前面に出した議員連盟が自民党内にできたのは、遅きに遅きだが悪い兆候ではない。経済安全保障というコンセプトの台頭は新しい兆候だから。

こうした混迷の思想状況は、過渡期の現象だが、近現代史日本の棚卸しであり総決算の時期に遭遇していることを意味してもいる。危機ではあるものの、天与の機会でもある、という自覚と取り組みが求められている。

当然、日本でもこうした現実を見据えての、闘戦経の哲学なり世界観なりに基づく核兵器時代を意識した、兵法の模索と提起が求められている時機に入りつつある。三四半世紀の無為の期間は、単なる惰眠であったのか、それとも「我武」に基づく新たな兵法を築くために必要とされた沈黙の長すぎた季節であったのか、が問われ、やがて明らかになる。ほぞを噛むか、難局に正々堂々と立ち向かうか、いずれ「ルビコンの橋」＊をわたらねばならない。自国の安全保障を確立するために。

＊ジュリアス・シーザーとその軍団が元老院の命に違反して、外領ガリアとローマ本土の間にあるルビコン河にある橋を渡り、ローマに進軍。シーザーは全権を握った故事。

(2) 戦後の東アジアでの日本の戦争を無視

1945年の終戦以後の東アジアにおいて、日本が主力になって戦った戦争の遺産の評価を放棄して現在に至った。遺産の継承放棄には、敗因なり失敗なりの国際的な共同研究の機会放棄も含まれている。

資金は日本が提供しての、旧敵国と中立国あるいはアジア・アラブ・アフリカの新興国の中正な立場にある学者による共同研究である。それに必要な史料は、日本が収集して提供する。こうした研究は、日中、日韓の従来の政治的な利害を最優先した中韓との共同研究によるものとは基本的に違うであろう。そのためには、くりかえすように、先ずは史料集の作成であろう。意図して省略なり見落とされている史実があまりに多いから。

こうした作業への取り組みは、見ないで済ませていたものを凝視し、何を見落としていたかを虚心に我が身に問う機会をもたらすであろう。そうした見地が必要な時宜に来ていることの実感を、政官の選良が保有していない在り様が最大の問題なのだ。

(3) 見ないで済ませられなくなっている現在

いままでの無視は虫のいい手前勝手の処理であった。つまり処理になっていなかったのである。見ないからといっても、事態は変わらないでそこにある。米国の示唆により始まろうと、日本の関与による成果であった経済面での中国の台頭は、21世紀に入り軍拡の基盤創りに転じた。半面で、人口の半分はいまだに貧に喘いでいるのは、李克強首相の指摘するところだ。これは内需の機会が与えられていることでもある。

中共の台頭と強力化は、韜晦期間には必要であった日中友好の終わりになり、見ないで済ませていたものがブーメランのように戻って来始めて、日本を心理的にも日中関係でも拘束している。今までの見ないふりは、歴史に対する明確な責任放棄であった。しかも、自殺行為にまで及ぶ影響力をもってきている。

南京大虐殺30万人説の台頭の背景を凝視しなくてはならない。鄧小平が党内の恐日派に折れての、対日歴史戦としての認知戦争の開戦であった。南京大虐殺紀念館の揮ごうは鄧による。この種の歴史戦の背景の仕掛けは単純である。しかし、軽視すると、付けの支払いが迫られている状況に事態が入ることになる。これは日本側の自業自得なのだ。

ここで見ないふりをし続けることは、6年前に北京で大々的に開催された「抗日戦勝利70周年記念式典」での習主席の講話や、2019年の75周年記念式典の座談会での歴史認識を容認することになる。彼らは、70周年での講話を重要講話にして啓蒙学習に励んでいる。放置する日本は、自分で自分の顔に泥を塗りつけるようなものだ。あるいは自分で首を絞める動作なのである。

むすび　敗れないために

この各抄文は、そうしたこれまでの緩慢な自殺行為を拒む見地から記述されている。闘戦経の本旨は、そのような在り様を「四体未だ破れずして心先づ衰ふるは、天地の則に非ざるなり」（第十四章の末尾）と説いている。敗戦後の日本列島の住人は、「心先づ衰ふる」状態にさせられていた。一種の仮死状態に置かれてきた。永き眠りからそろそろ目覚める刻《とき》が来ている。

（R3・04・30。R3・09・02補正）

（8）超限戦法の背後にある密教
― 表面には出てこない発想と行為を覗い知る ―

はじめに：

書物なり演説なり、政務に従事するものが公開する内容は、そのままに受け取れない。多面性、重層性、あるいは二重性をもっている。『超限戦』の基調は、繰り返すように、「非軍事の戦争」という主題の必要性を力説するところにある。大雑把に項目を挙げている。その内容のすべてを例示しているわけではない。

前掲（今、何故、『闘戦経』なのか（三）の（1）を参照）のピルズベリーの著『CHINA 2049』も、そのやり口を挙げているものの、最も機微に属する部分は相手に気取られないように伏せているかもしれない。あるいは、気づいていない部分も。その部分が、ここでの表題にあるように、密教と命名したのである。密教と言っても、その深層水脈に棲む分野は秘められているだけでなく、ときどき表面化する。それを見極めていくと、慄然としたやり口が浮上してくる。

超限戦とて、突然生じたものではない。先行している前史がある。

以下、ここでは三つの出来事を紹介する。

（1）「偽国家」＊・満洲国の地方農村で起きた出来事

日本人による統治、自治指導員（後の県参事官）の治政なり法治なりが順調に進んで、シナ人農民の日本人を主力とする統治への信頼が高まった旧抗日意識の充満していた某地があった。そこに、突然、日本兵の小隊が乱入して火付け、破壊、婦女子への陵辱暴行をして去っていった。その噂は一挙に口伝で拡散し、せっかく浸透していた親日の感情は元の抗日に戻ったという。

当然、満洲国側は関東軍に問い合わせた。日本軍の小隊がそこには出動しておらず、従ってそのような行動はしていなかった、という事実である。親日気運の醸成に危機感を抱いた共産党が、日本語を話すゲリラ兵員を集めて日本軍の制服を着せ日本軍の銃器を携行させての特務作戦であったことが判明した。真相を伝えようにも、農民は受け付けなかったという。略奪暴行をしていたとき、日本語で怒鳴っていた。日本語を話すゲリラ兵員の出身は強いて記さない。

*偽国家とは、中共党の支配する現在の中国が満洲国につけた名称である。国民党の中華民国は、台湾での日本統治を〝日匪〟が占拠したと修辞したのと同質である。日本統治下の台湾人は、戦後に大陸から移ってきた、ないし亡命してきた人々の民度があまりに低いのに愕然とした。とうてい〝日匪〟時代とは比べようのなかったのが率直な印象であった。

(2) 第二次天安門事件・弾圧前の異聞

1989年6月、鄧小平は、集結している学生ら民主化を要求する集団が、北京だけでなく地方からも上京して参加する趨勢を見て危機感を抱き、北京に駐屯する部隊に鎮圧出動を求めた。しかし、実情を知る軍の指揮官は断った。そこで鄧小平の執った方略は、特務工作員に学生の服装をさせ、人民解放軍の兵士を襲わせガソリンをかけて火を放った。その様子を写真にとり、全土の軍管区の将軍を集め見せた。参加者は戒厳令施行を支持した。軍区は同じでも北京市に駐屯していない解放軍が戦車ともども鎮圧に向かった。

鄧小平に味方したのは年来の同僚であった楊尚昆であった。(ちなみに、楊は弟・白冰共々、その後は軍で覇権を握るが、3年後に鄧小平により失脚させられる)。その写真が決め手になった、とは、当時長く北京に駐在していた某事情通が、北京在住の日本人だけの或る会合で述べた。最初に取り上げた満洲国での事例から見て、北京でその真相？　を間接的に聞いた際、不思議に思えなかった。

党権、あるいは自らのパワーを守るためには、自国民を相手にして平然と殺人を伴う謀略を駆使する。

このハード面の実際の蓄積あって、超限戦の発想も出てくる。鄧小平の改革開放路線に基づき、抜擢された胡耀邦や趙紫陽の経歴には、特務工作に関わる職歴は無さそうである。だから、統治の手法において、鄧小平から見ると「甘い」部分が出てきたのであろう。甘いとは統治における非情性を具有できているかである。

チベット自治区の党書紀をしていた胡錦濤は、僧侶など党支配への反抗に苛烈な弾圧を行い、鄧小平に評価されて見出され、出世の階段を登った。

(3) 通化事件を惹起させた背景

1945年8月、満洲でソ連軍により関東軍は敗れ降伏した。半島経由で逃げ延びた邦人もいたが、大部分は残された。現吉林省にある通化市では、北満からの邦人難民が集まり、冬を迎えた。中共軍が市を占拠していた。一万余の在住邦人のところに10万以上の邦人が北方から避難してきていたという。共産党と同調する朝鮮人による邦人への暴政は、ソ連軍の進駐による邦人女性への陵辱も重なり、邦人の反発が内攻していた。国民党軍が来る噂の実現を待ちわびた。

不穏な状況下で、中共軍の日本人工作員内海薫が46年元旦に殺された。後に共産軍により内海薫殺害に関わった容疑で、百数十人の地場の有力邦人が引っ張られて殺害された。共産軍が市内に入ってきたとき、邦人のラジオが全て押収されていた。市の外部に関する情報入手の手段が無かったのである。武器もすでに供出させられていた。

2月6日、隠されていた乏しい武器により邦人の蜂起がされたものの、すぐに鎮圧された。蜂起の情報は、事前に共産軍の方に伝わっていた。仕掛けたつもりがおめおめと網の中に飛び込んだ? 蜂起した邦人だけでなく、四千人が虐殺された。蜂起が失敗後の、中共側の逮捕した邦人への拷問は筆舌に尽くしがたいものがあった。中共党のシナリオに即した自白が強要されたからである。後の撫順での長期の洗脳と違い、短時日に成果をあげるための強硬手段であったと思われる。出来事の報告、伝聞は、生き残った者、市外に逃亡できた当事者で、無事帰国した者の記録はあるものの、真相には不明の部分が多い。なんせ中共側の情報が無いからである。

発端になった中共党の日本人工作員・内海は誰に殺されたのか。わたしは、日本人が日本人を殺害するのに元旦を選んだという点に違和感を抱いた。国民党の進出が見込まれている中共党にとっては危うい状況での、支配を貫徹するための高等謀略という見方を無視できない、と思う。いわば、彼らのお家芸である。

（4）歴史から学ぼうとしない癖のある日本人

近代では外地での敗戦という初の事態に対処するマニュアルは無かった。先に亡くなった作詞家・なかにし礼は、満洲からの引揚者だ。在留邦人宛の外相重光葵の書簡、帰国しても満足な食料もないので、現地でなんとか生き延びろ、とあったことを非難する。祖国に捨てられたと。このセンチメンタル・ジャーニーに昭和の戦後育ちの日本人の弱さを見ることができる。

ここで紹介した中共党人のタフネスぶりを真似る必要はないものの、またすべきではないが、誇り高くこころある日本人は、なかにしの弁にあるこのような泣き言は言わない。黙々と不当な運命に従った。

しかし、三四半世紀を経て貴重な体験を経験化する努力には、明らかに怠惰であったのは確かである。するど、前掲の三つの出来事の背景にある冷徹な戦法や支配の論理を見抜けないことになる。結果、場合によっては悲劇を繰り返す懼《おそ》れなしとしない。超限戦法を編み出した中にある密教部分へ注視する努力は惜しんではならない。

このような、いわば悪の戦法を生み出した背景には、大陸での古代からの多くの悲劇があるのを見落としてはならない。過酷で貴重な経験あっての知の集積がある。そこから密教部分も産み出されているのだ。真摯に学ばないと、いいカモにされてしまう。このままで行けば、大甘の日本人は彼らの中華料理の素材にされてしまうだろう。

（R3・09・05）

（9）核兵器に囲まれた非核国に棲む日本人の闘戦経の読み方
―政治と安全保障は日米同盟、経済は日中関係で行けるのか―

はじめに：大中華民族主義の最終目標

ここに至って、今後の日本の生存を意識した場合の兵法を含む兵学ないし戦争論の骨格を意識しなくては、シナ大陸に興隆しつつある孫子に基づく超限戦の思考で武装した浸透力（パワー）にいかに伍していくかの方策は、構築しえないだろう。

しかも核大国としての米露中に日本は包囲されている。そのうえ、北朝鮮も核保有国になった。核保有国と非核国では、国際政治の舞台での発言権は信じられないほど格差がある。日々のしのぎである経済は重要だが、ギリギリの戦いの局面においては、一つの要因でしかない。イランの為政者はそれを知るがゆえに執拗に核開発を追求している。それを知る非公然核保有国のイスラエルは、事あるごとに超限戦式の手段を選ばない妨害をしているのは故あることだ。イランが核保有国になったら、イスラエルは国家存亡の危機に直面すると認識しているから。

勝手に日本列島を意識して第一列島線や第二列島線を線引きして、軍事力で押してくる相手に軍拡で対応するのは下策である。議会制を制する選挙民も望まない。だが、戦力不所持と交戦権の否定を現行憲法で墨守しているかぎり、たとえ解釈で自衛隊は合憲としても、日本国と日本人の生存は危うい。

いわんや相手は友好を名分にして牙を隠した超限戦で理論武装し、「非軍事の戦争行動」を政官財そして新聞、テレビの媒体、学界の領域で着実に浸透し、分断の実行過程に入っている。承知の上か気づかずか、走狗になっている者は多い。

その現実にまだ大方の日本人が気づいているようには見えない。相手の本気度が感じとれないのである。超限戦の視座を踏まえての多元的な対日攻勢とは、シナ文明の日本文明への認知戦争という明確な底意をもった、併呑を意図した挑戦なのだ。この併呑意欲の裏面には、１９４９年の建国から百年後の２０４９年での、世界に覇権を樹立する悲願がある。

（１）対岸の悲願にどう対峙できるのか

ここは、戦いの本質を日本人の古来の自然観に由来する闘戦経の主題である「我武」（後述「超限戦に優《まさ》るか、『我武』」を参照）を以て、極限まで追求するところに湧出する智恵に立脚しない限り、日本文明の生き残りの選択肢が生起して来てくれない。政治は、日米同盟に立脚して、経済は日中関係、というような都合のいい構図がこのまま継続するのか。徐々の腐蝕としての浸透による分断は無視していいのか。

闘戦経は「毒」についてたびたび触れている。その意味するものは深い。戦術面では、多分、孫子のいうところの「兵は詭道なり」に近いような側面もある気がする。猛毒であればあるだけ根源的な生命力にあふれている。戦後日本は、その毒性の消滅なり消去を図られ、それを軍国主義からの離脱、民主化と錯覚させられたのであった。ここで問われているのは、「根源的に日本人とは、そして日本文明とは何か」でもある。この書は、そのための準備の試みないし助走なのである。

(2) 政治と安全保障は日米同盟、経済は日中関係で行けるか

この小見出しにあるような状態がいつまで続けることが可能なのか。今の政官財の選良は、当分の間は続くと無意識に思っているのだろう。だから、台湾有事と尖閣海域での海警侵犯を分けて考えているフシがある。相手は一体の下に展開しているのもかかわらず。しかし、米国の主導で危機意識は不十分だが起きてきている。それは、相手が露骨に侵蝕しているからだ。

この一体化は空間的なもので、時間差も視野に入れているのは確かである。日台は別の国家であるし。重要なのは日本が時間差攻撃を認識しているのか、なのである。相手は、同時に軍事力を用いない戦争を展開している。すでに、日本列島を起点にした第一列島線はとっくに越えて、第二列島線の実証を意図しているではないか。

相手が「核心的な利益」に基づき線引きを公然としている。ならば、日本も核心的な利益に基づく線引きをして公開すべきなのである。すると、台湾海峡が東シナ海での自由航行にとって不可避的に重要なのが見えてくる。それを明記した「台湾海峡法」を国内法として制定すればいい。台湾海峡は東シナ海に直結しているから。法制定の前提は、国会決議で「台湾海峡の自由航行は日本の専守防衛事項」と決議する。それに反対する政党は、中共党のパシリであることが日本国民の前に明らかになる。

軍事力を誇る新興の中華帝国に対する日本は、これまでは専守防衛の定義により自縄自縛の状態になっていた。相手と比べれば、翼も足も制約がある。嘴《くちばし》の活用も憲法から来る緘口令があり不十分である。しかし、翼や足さらに嘴も無い蛇には激毒がある（闘戦経　第二十一章）。

（3）制約を溶かす激毒とは何か

ここで問われているのは、日本は何をもって立国の根拠にしているか、である。あるいは、何を最終的に守るのか、である。民主主義は政体の問題であるに過ぎない。対岸にある中共党の支配する国家も、人民民主主義を国名にしているではないか。死を賭しても守るべきものは何かを問われて、即答できる現在の日本人は少ない。相手の中枢は、党を守るためにあらゆるものを手段化する覚悟ができているのだ。それは、近くは『超限戦』を読めばわかる。

（10）9・11、20周年と超限戦

はじめに：米国主力の戦争・アフガニスタンへの介入の終わり

ＮＹの世界貿易センター・ビルがハイジャックされた旅客機2機に突っ込まれて、白煙を上げ、まもなく自壊した有様をTVで見た衝撃は、凄まじかった。24名の日本人が死んだ。今、再放映されても、臨場感より絵空事のように見える。

惹起者と目されたビン・ラーディンへのリベンジを求めての、米軍によるアフガニスタンへの空爆が

始まり（２００１・10）、その後に陸上部隊も派遣、さらにNATO加盟の各国軍も同盟関係から派遣。ANZASから豪州なども。しかも、韓国まで派兵していたのを、２０２１年8月30日の米軍の完全撤退の直前、韓国機による在留者等の撤収で知った。アフガニスタンへの派遣形態は、湾岸戦争（１９９１・01～02）の際での多国籍軍の編成がモデルになっているのか。自衛隊は、イラクの戦後処理になる平和維持活動を名分にした派遣と違い、していない。ただし、復興支援では米国に次ぐ援助をしていた。

9・11は、イスラームの聖戦と確信した19人により実行された。そして、全員が死んだ。中核はビン・ラーディンが選別したと言われているのだが。

彼は後に米軍の猛爆下のアフガニスタンを去った。２０１１年5月2日に、パキスタン アボッターバードに潜伏中、米海軍特殊部隊の編成したチームにより殺害された。死骸は運ばれ、アラビア海の米空母からイスラーム法に則り葬送のアラビア語が唱えられ水葬された、と米ホワイト・ハウスから報道された。

この言い回しの慎重さは、9・11直後に、ブッシュ・ジュニア大統領が十字軍を口走り、慌てて沈黙したのに照応する。この発言は、宗教戦争の公認を意味したから。すると、親米派であるサウジ国王らを敵にまわすことになる。

アフガニスタンに派兵以後、20年経って、米国は最も永い戦争に区切りをつけた、という。20年前に米軍が攻撃した対象はタリバンであった。そのタリバンが米軍の撤退に伴い、再びアフガニスタン全土を一応は制覇したという。

この20年に及ぶ戦いとは何だったのか。どのように評価すればいいのか。開戦した米国をはじめ、派兵した各国及び米国に同調しなかった露中など各国から、これから様々の意見が起きるであろう。この

20年の評価をきっかけに、21世紀の戦争形態についての、おそらく根本的な再検討も起きるであろう。超限戦解釈も含めて、である。

（1）『超限戦』と9・11作戦

1999年に中国から発表公開された『超限戦』の提示は、戦闘ないし事件としての9・11の予言を含んでいたとの見方があった。著者も、そうした批評を否定もしていない。だが、同著の主題であった「非軍事の戦争」の分野に入るとの説は妥当であろうか。

19人の死を賭した決起は、むしろ世界最大の軍事力を有する米国に向けての少数によるジハードであり、軍事作戦であった、と見るのが真相に近いと思う。非軍事ではない。むしろ、非正規戦とか、「非対称性の戦争」(asymmetric war)概念に入ると見る方が妥当ではないか。

圧倒的な正規軍に対抗するのに非正規軍で対抗する戦争というか戦闘形態に対して、欧州の政治学ではカール・シュミットが、ナポレオン軍のスペインに介入した際のスペイン側の庶民がゲリラになって対抗したのを原初形態として捉え、『パルチザンの理論』（1963）を提示した。

彼が執筆し開示した頃、すでに、1950年代半ばからアルジェリアでは独立を求める解放戦線が、フランス軍と戦争していた。内戦化してきたとはいえ、解放戦線側は非正規戦が主力であった。武力は仏軍が圧倒していたからである。この事例と同様に、9・11も非正規戦の行為である。従って、超限戦の展開するところの「非軍事の戦争」の枠には入らない。

(2) 超限戦の主題は、非軍事の戦争

超限戦の主題から日本を戦場とした場合、現代の日本にとっての主要問題は、従来の戦闘を伴う軍事行動とは異質な戦いの現象に、全く疎《うと》いところにある。銃弾が飛び交ったり、空から爆弾が落下するのが戦闘であり、戦場であると思っている。それが無ければ、平和だと思いこんでいる。こうした心理状況は、「非軍事の戦争」を展開する側にとって、まことに作戦をやりやすい。

非軍事の戦争への免疫性が極端に低いのは、この三四半世紀余の日本社会の特徴でもある。それだけ、76年前1945年9月に降伏した以後に始まる占領下での、米軍による間接統治は巧みであった、と評価せざるをえない。系統だった心理戦の戦場下に置かれたことに、大部分の日本人、ほぼ100%の日本人は気づかなかったから。

そこでは、占領下に置かれた日本の政治が自前の政治であるかのように錯覚していたし、させられていた。平和愛好と民主化という掛け声は、日本人自らのものと思い込んだ。いや、その内実は思い込まされていたのである。いまだに、そう思い込んでいる。

1952年4月に主権回復したのだが、法制も国会も占領下の改変のままに進行したので、占領中の改悪は御破算にしての新規蒔き直しには至らなかった。

国旗は堂々と掲揚されたが、その意味の掘り下げに至らなかったのは、1947年5月の占領下に施行された現行憲法の継続に見られる。いまだに最大野党は護憲を基調にしている。これは、米国による日本の降伏から始まった第二次の対日非軍事の戦争の成果であった。

(3)「非軍事の戦場」化している現在の日本

軍事占領した証明の米軍基地は、講和と同時に発効した日米安保条約に基づき継続された。首都・東京の空は、横田基地の占拠空域がそのまま。占領下に原型の出来た戦後保守の執政党は、羽田空港が過密になっているにもかかわらず、気後れして米軍に部分返還すら言い出せない。

中共党は実情を十分に知った上で、日本の「実質」上の独立を日本人に非公式に問いかける。日本社会の分断化の促進である。米中の覇権争いが先鋭化すればするだけ、日本の動向が両者に与える影響はいかに深刻かに気づかないのは、日本の要路の大勢である。従って、媒体も国民も同様。こうした戦場化の日本での戦闘は、今後益々激化するだろう。日本人の気づかないところで。

ここでの最大の問題は、思想戦の背後に息づく歴史戦である。この観点では、米中は対日で共有しているのに気づくべきなのだが。文科省の歴史教科書検定における不見識に見られるように、歴史戦ではすでに敗れている。

「四体未だ敗れずして心衰《おとろ》ふるは、天地の則に非《あら》ざるなり」(闘戦経・第十四章の末節)を現在化している。日本社会の分断工作の有力な一つに歴史戦がある。問題は、その尖兵が自覚せずにしたり顔で文科省から大学、媒体の構成員になっているところである。

(R3・09・10)

（11）超限戦に優《まさ》るか、「我武」

はじめに：超限戦は最新の兵学といえる理由

『超限戦　21世紀の「新しい戦争」』は、現在の中共党軍の幹部が戦争や戦いをどのように受け止めているかを知るのに、最適の内容である。訳本は角川新書で復刊されたことにより、入手しやすい。一部、数学の基礎知識がないと難解な箇所もあるが、そこを飛ばして読んでも、著者の言おうとするところは理解できる。そして、著者の考え方が中共党の軍人だけでなく対外工作に従事している文官にも共有されていると見做しても不自然ではない。日本から見ると、それは極めて厄介なところである。

その第一は、「無形の戦略資源」として、「地縁的要素、歴史的地位、文化的な伝統、民族的アイデンティティー」（新書300頁）を挙げているところは興味深いものの、その背景では、中国は「悠久の伝統文化、平和的なイデオロギー、侵略の歴史がないこと」（同306頁）と記しているところである。

おそらく、著者たちは「中華」をそのように思い込んでいるのだろう。このように自己認識をしていれば、近代日本は中国を侵略して、南京で30万人を虐殺したと主張するのは当然となる。

その結果、河野太郎のように、多分、父親ゆずりであろうと思われるが、現在のウイグル人に対するジェノサイドの事実に対して、萎縮してか沈黙を守るようになる。超限戦の戦法に乗せられている自覚が薄いのである。継続的に日本だけでなく国際社会で執拗に偽情報を継続して流布する戦法は、「最小費用で最大効果」をもたらしている。

開放政策以後の1980年代から、西側だけでなく非欧米世界のどれだけの人々が南京にある虐殺記念館を訪問しただろう。そして、かなりの人々は、それが偽情報の集積だとは気づかないと思う。見学した日本人高校生が反省文というか印象文を記したのを陳列していた。今は知らない。日中友好をいう中共党の裏面のやりくちである。闘戦経の著者の記した「漢文詭譎あり」に入る一つの分野である。

(1) 中国語の語法の特徴を明示した「偏正式構造」

『超限戦』で学んだのは、一見すると孫子にある「奇と正」に近いと思われるものの、基本的に違うシナ語の語法解釈である「偏と正」の指摘であった。奇にも正にも、「偏と正」があるからだ。

「リンゴは赤い」で著者は説明する。「赤い」という修飾語があって中心語であるリンゴは印象を放つ。「赤い」がないと一般語であり、赤いがついて、「この」と認定できる特殊性をもつようになる（同上221頁）。特殊性とは「偏」であり、偏のあることによって、正のリンゴは存在性を明らかにできる。それを中国語の一つの特徴として、「偏正式構造」と名付けた。この構造は、中心語（リンゴ）を主体にして、修飾語（赤い）を主導する、とした。中心語は、主導する偏あって特徴を発揮できる、というのが著者の解明である。

ここでの問題は、日本人から見ると、偏の語源としての偏《かたよ》りであり偏向にある。偏が中心である正を食ってしまうから。人民を正として、中共党は偏のはずが、何時の間にか逆転してしまっている。いや、最初から、内実は人民優先は建前でしかなく、党のための手段的な存在でしかなかったのではないか。そうした現実への違和感のない中国の指導層が問題である。

しかも、著者にはその自覚がある。偏が主導的役割を果たしている、と広言しているから（223頁）。ここに現在の中国の統治体制の最大の問題があり、かつ弱点になっている。正の検証である民意を示す選挙を容認できないのだから。容認したら人民の偏でしかない中共党は敗れる。それをわかっているから、決して党独裁を止めない。ソ連共産党支配のあっけない没落も知っている。

(2) 虚実のカクテル作りに巧みな背景

中共党は正当性を護持するために宣伝工作に力点を置く。いや、置かざるを得ない。その特徴は、虚実のカクテル作りの巧みなところにある。さしづめ、前掲の河野太郎は、親族企業の中国との関わりもあってか、またはカクテルを飲み過ぎで酩酊してしまっているのだろう。だから、ウイグルへのジェノサイドは視野に入らなくなっている。いや、視野に入れたくないのか。ここには、外交と錯覚している手管を感じられるものの、主権国家としての自覚も品位もない。

最大の問題は、中共党人がジェノサイドの自覚が薄いか無いかにある。前掲のように、自分たちは「平和的なイデオロギー、侵略の歴史がない」と自負している。よって、際限もなく偏が主導されて残酷になれる。だが、いずれ修飾語である党は、正である人民により退場させられるであろう。その実現に向けて、日本は非軍事の戦争である「遅攻」戦略(後掲(14)を参照)を構想する時期に来ている。

(3)「非軍事としての戦争」である超限戦の限界

鄧小平の執った韜光養晦《とうこうようかい》は、中国経済の躍進でGDP世界第2位による成功で実証された。ここでの名分は、「社会主義市場経済」。編正式構造を当てはめると、社会主義が正で市場経済は偏になるのだろう。米側は、開放経済が進行すれば、やがて市場経済が正で社会主義は偏になる、と思い込んでいた模様である。

米中の馴れ合いによる誤解は、90年代から2010年半ばまでの軌跡に出ている。米国の政治家ではブッシュ・ファミリーをはじめキッシンジャーなど利益を貪った者は多い。しかし、トランプ大統領の登場で、韜晦は通用しなくなった。軍と情報、治安、安全保障関係の機関と構成員は、米国の前途に顕著な危機感を抱いた。米国での超限戦法の展開が実証的に明らかにされたから(13)で後掲、M・ピルズベリー著。訳題『CHINA 2049』)。中共党は、最小費用の最大効果は望めなくなった。中国経済から利を得ていた国際金融などの企業は別にして。

(4)「常在戦場」観は日本人にフィットした

シナ政治の原型を造ったという説もある「三国志」・曹操の魏と呉の孫権、蜀漢の劉備の三国の織りなす虚々実々の戦闘と外交の展開から、呉の将帥の一人朱然が造ったと言われるのが「常在戦場」。長岡藩の藩是として継承され、幕末では河井継之助、大東亜戦争それとも太平洋の戦争での問題児・山本五十六も受け継ぎ座右の銘にしていた、と言われている。

しかし、大陸から伝わってきたこの表現を抵抗なく受け入れる素地は日本にすでにあった。それは、闘戦経の第一章の冒頭句に出ている。「我が武は、天地の初めに在り」と。だから、常在戦場という表現が移入されても、戦争や戦闘に関わる人士には抵抗が無かったのである。

(5)我武に基づくから常在戦場になり、「遅攻」意識がうまれる

ここには、超限戦がもたらした偏正式構造はない。なぜなら常在戦場であり、その根本は「遅攻」を自明にしているから。「治にいて乱を忘れず」ではなく、治に乱の要因が秘められている意識を有しているからだ。

問題は、国民全員に対して、その意識の涵養を求めるものなのか。それは無理だ。要は、選良という指導層の自覚さえあれば十分なのである。それには、投票権を持つ選挙民が、そうした分野のあることに気づいている必要がある。

しかし、そうした気付きの削除が占領軍により意識的にされて、三四半世紀を経て危機が常態化してしまっている。我武など、地表、人々の心理に毛ほども存在しなくなっている。いわんや、常在戦場も死語。自分の内面にある古代から継承されてきた宝石に気づく、何かのきっかけが求められている。幕末も徐々の外圧あって、危機意識が全国に普及したのであった。現代の反撃は、どういうスタイルになるのか。超限戦に振り回されるようでは前途多難である。

(R3・09・26)

(三) 詭譎の文明に敗れない在り方

(12) 日本が超限戦の言う「偏正式構造」に敗れ続けたわけ

はじめに：

1960年代・学生の頃、或る中国研究家から聞いた話がある。抗日が激しかった頃というから1930年代ではなかったか。邦人も多く棲む大都市でのこと。とすると、往年は欧米諸国並みに日本の租界地もあったのであろう。そこのシナ人商店街で、「本日大売り出し」という横断幕が掲げられた。当然、邦人は、売り出し店舗に群がった。しかし、その寓意は逆読みするとわかる。「大日本の売り出し」であった。そうしたしぶとさがわからないと、シナ人の気性にある頑強さはわからない、と付言された。そうした心象を文法化すると、上記の題名にある「偏正式構造」の実像が観えてくる。あるいは、毛沢東が延安に閉塞していながら、昂然と『持久戦』を展開すれば中国共産党は天下を獲れる、と宣《のたま》ったのもわからない。

圧倒的な軍事力を誇っていた1990年代の米国に対峙するのに、超限戦で気宇としては凌駕する構えもわからない。わからなければ、対処の仕様がない。

そして、戦後の日本は、中共建国以後は、政経分離期はともかく、1970年代からは中共党に敗れ続けてきた。なぜ敗れたのか。相手を知らな過ぎたのである。近代、日清戦争以後、今は中国の版図になった満洲を含めたシナ大陸に、どれだけの国富を注いできたか。人命も含めて、その犠牲は膨大なものがある。この授業料を戦後も、その折々の増減はさておき支払い続けている。その始末は、いまだについていない。そうなるのは、孫子にいう「彼を知り己を知れば、百戦危うからず」（謀攻篇）の命題とは真逆に、彼を知らず、己も知らず、で関与しているからであろう。

『超限戦』で、著者はその奥義の一端を「偏正式構造」と名付けて正直に開示してくれた。ただし「一端」である。そこで、その構造を手がかりにして「彼を知る」ことを試みてみる。

（1）偏正式で作られたカクテルの中身に気付かないのは？

先（11、の（1）を参照）に、中国語の語法にある偏正式構造の特徴から、「正」としての主語と修飾語を意味する「偏」との関係における特異性について、簡単におさらいした。ここでは、さらに追究を試みる。「彼を知」る有力な接近として。おそらく、近現代の日本人の多くは、「彼を」知らな過ぎたのであろう。日清戦争（1894年）の勝利の受け止め方に問題があったようだ。

戦略分野で鳥瞰すると、「偏正式」思考方法は、どうやら計篇の主題である「兵は詭道なり」にある「虚実」と親和性があるような気がする。それを、カクテルの中身の案分を例えにして説明したのであった（前掲、(2)を参照)。よほどのカクテル通でないと、「偏正」の割合に気付かないから。実である正が後退して、偏が正を包んでしまうことに気づかない。結果、虚が実である錯覚に陥る羽目になる。ここでの問題は、相手としての彼だけでなく、自分をも信じ込む癖にある。野郎自大。

しかも、大勢が変わると平然と言い分を変える。偏の解釈変更をして不思議としない。孫文による第一次国共合作の背景にあった資金援助をしたソ連と同盟関係になり、それまでの唯一の支援者であった日本に敵対する態度をとるようになったところにも、一つの典型を見ることができる。

(2)「日本軍国主義は中国を侵略した」という断定

日本を「東洋鬼」として排外主義の象徴に収斂した地ならしは、孫文の連ソ容共路線からであった。反日を選択させたのはソ連の方略であったのは、ソ連崩壊後に明らかになっている（一例を挙げれば、ユン・チアン、ジョン・ハリデイ『MAO』2005〜2006年)。

孫文はスポンサーの意向に忠実なだけであったのは、日本が唯一の支援者で親日であったおりと同様である。この前段階の構図は、第1次国共合作が1927年の上海における反共クーデタで崩壊して、中共党の一方的に弱い状態が、1931年の満洲事変を契機に巻き返す段階に入った。容共派ナショナリズムの主題としての「反日」が、学生や若い知識人世代に一挙に伝播した。

蒋介石が張学良軍に監禁された西安事件（1936年）を奇貨にして、中共党がモスクワの指示で設定した「抗日」は、第2次の国共合作で中国の国是・国策になった。中国人民の主要な敵は、ここに日本軍国主義になった。近代風のナショナリズムと抗日が一体になったのには、日本の不要領な外政にも一端の責任がある。満洲事変以後に外交と軍の行動の分裂が当たり前になったから。

偏正式の思考から見ると、日本は正で軍国主義は偏である。しかし、超限戦の著者の言い分を適用すると、偏の主導に意味がある。偏である軍国主義イコール東洋鬼が正である日本の特徴であり、同義語になる。こうした受け止め方が、近代中国の知識人に当然のように受け入れられたのは何故か。

文明が全く違う欧米に侵蝕されるのは仕方ないが、古代から朝貢冊封の関係ではないものの、シナ文明の影響を受けていたはずの日本が、欧米と同じ立場で介入してくるのは許せない。目下のはずが目上面《づら》になっている。その原因は、欧州の文明利器である軍事技術をいち早く取り入れた結果である。英露や他の欧米諸国なら仕方ないが。こうした在り様が、彼らの誇りを異様に傷つけたのではないか。洋鬼と分けて、東洋鬼と名付けて憎んだのも。

（3）日本が超限戦のやり方に敗れ続けるわけ

第2次国共合作で抗日が国是化してからの国民党の総統・蒋介石の苦渋には、知日家でもあった側面とともに、新生活運動を展開してシナ社会伝来の腐敗と腐臭から脱却しようと試みたものの、宋美齢夫人の動きに見られるように、「櫂から始めよ」とはならなかった。誇り高い蒋の内面では、第2次国共合作は本意ではなかったと思う。加えて、モスクワの意向に忠実な中共党の在り様を苦々しく思っていたのは、当然である。彼の視野では、中国にとっての外患・日本の動向も同じで、結果的にはモスクワに協調していると見ていたのではないか。

この苦渋を戦後の日本は共有し反省したとは思えないのは、1972年の田中訪中と国交関係の成立の半面での、中華民国・台湾との断交に出ている。蒋は、つくづく利に敏《さと》く軽薄な日本人の動きに心底肚を立てたと思う。

このような動きをする程度だから、中共党の繰り出す「非軍事の戦争」である外政に今の日本が振り回される。自前の姿勢がなぜ確立できないのか。その遠因は敗戦後ではなく、戦前の昭和時代、あるいは大正時代に遡ってもいい、大陸「政策」？にあると思う。日本のシナ大陸研究では卓抜した見地を持していた、今は忘れられた長野朗という方がいる。長野は、たった一本の鉄路（南満洲鉄道の意）に振り回されて大局を見失っている、とあの時代に日本の要路の不見識を痛烈に批判している。目先しか観えていないと。

（4）南京大虐殺は日本軍国主義の偏であり代名詞になる

北京が展開している南京大虐殺は日本軍国主義の代名詞にする企て、例えばユネスコの歴史遺産に大虐殺というフェイクを公然と登録させる工作の長期的な真意は、今の日本人には観えていない。歴史戦の範囲に入る認知戦を展開する北京の真意は、百年戦争を越えた長期スパンで非軍事の対日戦を展開しているのである。ここでは、日本軍国主義は自明の「正」であり、なるがゆえに偏である「南京大虐殺」が起きたのだ、となる。

中共国家が世界に覇権を確立するには、とにかく日本を従わせ屈服させねばならない。軍事行動が尖閣海域での極微の限定戦ではあり得るが、専ら得意とするところは非軍事の戦争である。それには、フェイクとしての南京大虐殺の喧伝は、日本人だけでなく世界の人々に向けても、「最小費用の最大効果」の恰好の事例と言えよう。詐欺師・詐話師は、最初に自分を騙して真実と思い込む。すると説得力を増すものらしい。

では、どうしたらいいのか。気付いた日本人が、史実に即して解明した結果をあらゆる方法で開示することで反撃するしかない。相手は、決して「偏」を緩めはしないから。闘戦経はそこを見抜いて、「孫子十三篇、懼《おそれ》の字を免れざるなり」（第十三章）と指摘している。近現代の日本人は、先人の教えから学んでいない。

（R3・10・02）

（13）偏正式構造とは文辞上の防衛手段

はじめに：今次・自民党総裁選挙結果への北京の反応

中共党の言辞がときに正直なのは、今回の総裁選挙に対する反応である。河野が当選すれば100点、岸田なら50点、高市なら0点。これぐらいあからさまな評価はない。我が身にとって、誰が都合がいいのかを述べているから。

それは逆読みすると、日本の国家利益にとっては、河野なら0点。岸田は50点、高市なら100点ということになる。

ここでの問題は、新首相である。中共党は1点を上積みすれば大勢を決することができる。こうした解明を是としたら、今日の産経紙の「正論」、田久保忠衛『「人格者」だけで乗り切れぬ世界』の指摘は極めて重要である。新首相への懸念が杞憂で終わればいいのだが。今後、河野が総裁を目指すのなら、自分の立脚点をよほど点検して努力しないと日本国民は浮かばれない。中共党による岸田への評価、50点を減点してせめて30点以下にするように努めなければ。

父親・洋平が外相時代に作り、現在、太郎の弟が社長になっている日本端子KKがあるようでは、北京とズブズブの関係にあることを示すだけだ。当人はあれこれ弁解しているようだが、北京にとってはありがたい存在なのであろう。だから、露骨に100点満点をつけている。偏正式構造を当てはめると、「河野（正）は親中である（偏）」、だ。そして、贔屓の贔屓倒しになることがご愛嬌。

だが、こうした文辞による「ご愛嬌」の背景には、あれだけの軍備を有して、海警の武装した艦船は、まるで定期便のように尖閣海域に領海侵犯を繰り返している。とうてい安穏としておれない現実が目前にある。中共党により執拗に展開されている現実の示しているものが、どのような発想により提起されているのかを、超限戦の示した偏正式構造から捉えることを再度試みる。

（1）ピルズベリー・邦題『CHINA 2049』をきっかけにして

同著の原題は、百年マラソン。建国1949年から百年かけて米国をしのぐ覇権を確立する。2015年に日本でも刊行されて、多少は一時期問題視されたが、一過性のものだった。しかし、中共党がどのように米国を騙したかの指摘は、実証に裏付けされていた。次いでオーストラリアでの中共党による浸透事例を暴いたC・Hamilton の邦訳題『目に見えぬ侵略（“Silent invasion”）中国のオーストラリア支配計画』（2020。飛鳥新社）が刊行された。

この二冊を読んでも中共党の浸透と分断戦略が信じられないのは、余程のバカである。バカにつける薬はない。浸透とは、孫子の言い回しによれば、謀攻なのである。超限戦で言えば、「非軍事の戦争」そのものである。

分断を意図した浸透や拡張に対抗するために、QUAD（日米豪印戦略対話）が出来、ついでAUKUS（豪英米三国安全保障）が結成され、豪州への米英による原潜作りの技術供与が決まった。その意図するところは、記すまでもない。

（2）中共党が喧伝していた日本人悪魔視の根拠

公然・非公然で中共党は近代日本のシナ大陸での所業を、南京大虐殺をもって象徴化してきた。それが日本軍国主義による当然の帰結であるとした。この印象操作はかなり成功している。偏正式構造を適用すると、こうした日本の所業を正としたら、「日本人は悪魔的《デモナイズ》」（前掲『CHINA 2049』では「悪者扱い」と穏やかに訳）が偏になる。正としての日本軍国主義は、偏としての南京大虐殺をもたらした、となる。これは歴史戦であり、認知戦ではすでに日本は敗れている。

こうした認識を背景にして、分断戦略として、正としての日本軍国主義は偏として「日中人民の共同の敵」になる。この観点から中共党のいう「日中友好」の「偏」向ぶりは、自己チュウで実に露骨なのだ。

こうした文辞的な解釈に基づき、冒頭で紹介した自民党総裁選の3人の候補への評価を見ると、中共党による日本の統治中枢への浸透工作の輪郭が見えてくる。それは、とくに50点や0点をつけられた候補の支持勢力への浸透である。１００点をつけられた候補や支持勢力は、放っておいても問題ないから。

ということは、中共党から見ればすでに浸透済と見做していいからであろう。

(3)闘戦経の言う「漢文、詭譎あり」の妥当さ

小見出しは、第八章の冒頭節である。中共党の主張は詭譎、騙し乃至は詐話そのものである。大虐殺紀念館など、あまりに舞台装置が整っているので、多くの内外の人々は引っかかる。江沢民は、愛国教育の名により初等教育から偽情報に満ちた「日本人は悪魔的」とする詭譎に基づいた反日を教え込んだ。最優先しているのは自党の統治の正当性である。結果、史実は論外になる。ここには古代・漢帝国の役職上は史官、今でいう歴史家であった司馬遷の心がけた「史記」にある中立性は無い。

闘戦経を著述した平安時代の日本の知識人は、大陸文化の産物である漢文にある虚を見抜いていたのだ。しかし、ここで注意しなければならないのは、漢文論述における形容過多ないし修飾過多の由来は何かである。政治性の優先なのであろう。偏正式構造とて、その成立には必要性があったがためであろう。

必要性とは何か。なぜ、正より偏の主導が優先されるのか。状況が変わるのに追従するのを最優先する、ライフ・スタイルに由来するのではないか。「事実」(ファクト)はさておき、今を生きねばならない。すると、史実優先など夢物語になる。今の「勢」の意図に基づく「事実」(偏)が大事なのだ。

(4)状況優先による「偏」重は過去の出来事ではない

私達は、シナ大陸におけるそうした生き方を、ほんの数十年前の毛沢東により始まった文革時代での在り様に出ていたのを知っている。文革に追従しないと、いつか突然に自分が反革命分子として責めら

れる状態が現出していた。良識派とされている周恩来が文革の集会で、毛沢東思想バンザイを叫んでいる映像が、10月3日夜のNHKスペシャルで流されていた。一方で良識派は走資分子として、紅衛兵に拉致され集会で帽子を被り跪き、吊るし上げられていた。

今、香港では民主派は警察に逮捕され裁判にかけられ刑務所に収監されている。おそらく刑務官による陰湿な日常的締付け、ありていには暴力を受けているのだろう。こうした教育というか調教によって屈服されて、別の人格に鍛えられていく。それを真人間になったと称する。ウイグル族への大中華民族への同化を最優先する調教・矯正・そして強制も同質である。

ここに一定の領域では日本人の想像を絶する文明の断層があることに、気づく必要がある。進出企業の収益高に目を奪われる偏重では、一党独裁の体制下での批判精神の持ち主がどのような扱いを受けるかの実相が見えなくなる。

(5) 偏正式構造に見るシナ人の文辞は防衛手段

上掲のNHKスペシャルの主人公・李鋭は、毛沢東の秘書になった翌年の1959年に、毛に大躍進政策を批判したために、党籍剥奪、下放(追放)で農作業。文革中は投獄。習近平の父親・習仲勲と同じ。二人は仲がよかったという。彭徳懐と同様に毛の展開する非合理な「勢」に逆らい、不当な仕打ちを受けた。

下放や投獄中はどうだか不明だが、李の数十年分の日記を、娘が15年かけてフロッピーに入れて保存、米国のスタンフォード大学フーバー研究所に原本も寄贈。米国に亡命した。そういえば、蒋介石の日記も。彼らは、体制に関係なく、中国という国家及びシナ人の習性を信頼していないことがわかる。改ざんされるのを知っているのだ。逆の立場になると改ざんするのやら。

この経緯から浮上するものがある。司馬遷が李陵の不慮の禍を擁護したことで宮刑に処せられながら、名誉の自殺せずに亡父の遺言を守り史記の記述に取り組んだ故事は、例外ということだ。武帝の怒りに触れた司馬遷に味方する臣は一人もいなかった。全部は、長いものには巻かれろ、である。文革でもそうだった。すると、偏正式構造の、正よりも偏の主導を重視する文辞上の在り様の意味するものは、その都度の必要性に応じた適応である。自衛は面従腹背。

シナ人の多くに見られる大勢順応な生き方は、事態認識での「懼れ」より「恐れ」をベースにおいた防衛手段ではないか。日本人を悪魔視して内外に隠微に、また執拗に喧伝するのは、いかに日本国および日本人の台頭を恐れている、という観点も必要なのがわかる。市井では私人の間、権力の場では公人の間での病的な嫉視や猜疑心が息づいているのを想像させる。実に厄介な隣人である。

（R3・10・06）

（14）超限戦・認知戦争に対処する「遅攻」
― 闘戦経の示唆による敗れない方略を考える ―

はじめに：

将棋でいうなら、相手から奪った駒を自分の手持ちにして攻撃に投入する方策が、延安で毛沢東政権が創設した日本兵の捕虜を対象にした日本工農学校の創設であった。この方策の文脈に即して最初に展開されたのが、スターリンの中共建国への引き出物のように、１９５０年にシベリアのラーゲリ（収容所）から貨車に乗せられて国境線の黒龍江を渡り、中共側に引き渡された満洲国の高官や関東軍の高級将校千人に向けての、実に洗練された印象操作。

中共側は、当時の中国では最高の客車（ということは旧満鉄の一等車だろう）、食堂車には白いシーツをかけたテーブルを用意し、医者や看護師も迎えたという。抑留者は、ソ連と中共のもてなしのあまりの落差に驚いた。かつて、彼らの多くは、官匪として我が物顔で乗っていたのだろう。

周恩来は毛沢東の意を受けて、新設の撫順戦犯管理所に収容された捕虜に、前掲の日本工農学校創設の方略に基づく洗脳教育を施した。長期的な戦略に基づく改造の結果は、多少の文献に遺されている。日本軍国主義による侵略の反省文は、中共側の「档案《たんあん》」として厳格に保存されているはず＊。

この延長線上に、一時しきりに言われた日本軍国主義の被害では、中国人民も日本人民も同じだという中共側の分断工作がある。ここから、日中友好人士の「反省」心に満ちた日本国内での啓蒙活動がある。現在でも、この種の論旨は、ドブ川の底に沈殿している腐臭に満ちた汚泥のように、ときどき登場。

孫子・三章　謀攻篇に言う。「およそ用兵の法は、国を全うするを上となし、国を破るはこれに次ぐ」。この文脈から、「このゆえに（中略）戦わずして人（敵の意）の兵を屈するは、善の善なる者なり」と。すると、この「善の善」の方略とは何かを考える必要がある。『超限戦』は、「非武力戦」の効用を指摘する。その内には、情報戦、そのジャンルに入る歴史戦、それを裏付ける認知戦がある。

＊最近、プーチンのロシアは、細菌戦に関する抑留者を被告にしたハバロフスク裁判？　をぶり返して、北方領土問題についてのロシアの正当性の傍証にしようと試みている。これも、中共方式をより露骨にした演出であった。副題にある認知戦の例証である。

(1) 内田良平『露西亜亡国論』の示唆したもの

ウラジオストックからシベリアを踏破してモスクワに赴き、帰路も踏破した体験を基にして、1901年に同著を刊行するも、露政府の反発を恐れ忖度した日本政府は即日に発禁処分。その後に、削除等の編集をして『露西亜論』として刊行した。その内容は、今の露政府による革命派への苛烈な弾圧はいずれ亡国に至ると予言した。さらに、弾圧に抵抗する革命派に対し、日本の有志に頼れと提案している。その気力に満ちた筆力は、今でも説得力を減じていない。三年後の1904年に日本はロシアに開戦した。いわゆる日露戦争である。

そのひそみに倣《なら》うと、今必要なのは『中国亡国論』の展開であろう。中共党支配の中国の終わりを促進する方略とは何かを考え、提唱し、大陸に棲む無告の民衆、人民に伝えることである。党独裁による支配こそが、中共党の最大の弱点であるから。具体的には、党支配と被支配者である中国人民の分断を如何に図り、進行し拡大させるか、だ。攻撃は最大の防御。その方略とは、難しいものではない。中共党のおはこである認知戦の逆用をすればいいだけ。

(2) 分邦自治をもたらす自由選挙による代議制の実現へ

要は、中共党が唯一の支配政党でなくなればいい。人民の支持があれば存在してもいい。現在のソ連共産党のように。ただ、ワン・オヴ・ゼムになればいい。すでに、孫文の好敵手であり初期の変革運動で武断専制政治を主張する孫文に対し、連省自治を主張したのは宋教仁であった。しかし、暗殺されたことで、この政治主張は後退した。北京で帝政を目論む袁世凱の刺客にやられたというが、北一輝は孫文が殺したと主張している(同『支那革命外史』1921年刊)。

宋の主張であった「連省自治」は、現在の知識人世代、それも太子党（第三世代）にも伝わっている。北京・中南海の「民主集中制」という名に隠れた独裁への批判心理は、脈々と生きている。活きているとまでいかないが。ということは、現在の習近平らによる独裁は決して強力ではないのを示している。それを当事者が知るが故に、習への帰依を幼少世代から叩き込む教育を強化し始めたのであろう。王様は裸、であるのが進行している。

（3）近代・昭和時代に対中で日本が敗れた理由

日本は対中開戦（宣戦布告）をしていないのに、日本の歴史学では中共党のいう日中戦争を受け入れている。正確には支那事変が妥当である。これ自体、すでに今の日本及び日本人は、歴史戦、認知戦で敗れている例証なのである。そして、支那事変は、相手のペース、「最小費用の最大効果」に乗り、日本軍は徐々に広大な大陸にはまり奔走する羽目に。敗戦末期には百万の兵が派遣されていた。

これからの最優先課題は、老獪な相手のペースにはまらずに、主導権は常に当方が握っていること。それには、認知戦を最優先する。国際社会で受け入れられる主題を相手にぶつけることで主導権を確保するように努める。相手の弱点を明快に示し、衝くことである。民意が活かされる仕組みは、不完全なものであっても、自由投票による代議制しかない。一党独裁がいかに腐敗を招くかは、日本や米国のような政体であっても、汚職が発生するのを見ればわかる。

（4）作戦のベース・キャンプは海外に置く

今の日本政府また社会には、この種の作戦を展開するだけの背景条件がない。すると、海外のどこかにプロジェクト・チームを多国籍で作るしかない。前線には亡命中国人が主力になるだろう。また、単位（ユニット）としては、海外在住のチベット人、南モンゴル（内蒙古）人、ウイグル人の編成が必要になる。一年の経常経費は、ジェット戦闘機一機分で十分。但し、目的達成まで執拗に。

問題は、現在の中共党独裁の政府と違い、日本の政府ではこうした予算がつけられないところだ。政府とは関係の無いファンデーションでやるしかない。

（5）遅攻意識による作戦展開

遅攻という聞き慣れない表現は、この種の方略に必要だというところから筆者が編み出した。それについては、『中国の覇権に敗れない方法』七章・五節 幽顕一体の徹底から生まれる「遅攻」、を参照されたい。平たく言えば、速攻の対置概念である。あるいは「常在戦場」にも近い。しかし、常在戦場という表現をもたらした三国志・呉の孫権の武将・朱然は、多分、幽顕一体とは無縁であったと思う。

では、遅攻を展開できる統率者の人格を構成するものは何か。闘戦経・第五十章の後半にいう。「龍となるものは威なり。虎となるものは勇なり。狐となるものは知なり。威は久からず。勇は欲けやすく、知は実なし。故に古人は威に頼らず、勇に頼らず、知に頼らざるなり」。戦う武将に必要な、威・勇・知の三条件を挙げながら、それぞれの限界を示唆している。

では、三条件を過不足なく具有し、それに頼らない人格とは何か。第四十章は、「剛を先にして兵を学ぶ者は勝主となり」と言う、剛の持ち主なのだろう。こういう統率者の下に、初めて遅攻の展開は可能になる。日本戦争学の基本とも言えよう。

（R3・09・29）

(15) 隣にある恩寵としてのシナ文明

はじめに：新首相・岸田文雄の所信表明への違和感

10月8日に所信表明をした同じ日に、中印の首脳と電話会談をしている。この手配は、日本を囲む現在の安保環境にとって様々な意味で効果的であったと評価したい。それは、習近平とのやりとりの公開されている内容に出ている。新首相は、対中において、言うべきことを伝えているからだ。所信表明と電話会談はセットになって、相当な影響を相手に伝えていると見ていい。その効果を新首相が自覚しているかどうかは不明だが。それは、以下の言辞にある。

岸田は、所信表明で、「外交、安全保障の要諦は『信頼』だと確信しています」と明言した。次いで、3つの強い覚悟に基づく外交を主張した。第一に、「自由、民主主義、人権、法の支配という普遍的価値を守」る。第二に、「我が国を取り巻く安全保障環境が一層厳しさを増す中」、「領土、領海、領空を守る。この項で、北朝鮮による拉致問題を最重要課題と明言。第三に、「地球規模の課題に向き合」う。この3つの課題の提示は、順序は別にしてまあ妥当である。

具体的な国名として、最初に中国を挙げた。次いで、ロシア、領土問題の解決が課題。最後に、韓国を挙げたものの、内容には触れなかった。このさりげない処し方は及第点であろう。3国ともユーラシア大陸に属する。

（1）国家主席・習近平と電話会談での両者の公開内容

インドのモディ首相と電話会談をし、中印を同格においているところに、現在の日中関係の変化が如実に出ている。アジア・太平洋・インド洋の勢力均衡が歴然と変質している。その攪乱者が現在の中華帝国なのである。

習との会談後に、新首相は、尖閣への領海侵入、香港、新疆ウイグルの人権状況の問題を取り上げ、台湾問題も話題に上ったと、官邸で記者団に述べた。

中国側の報道（中央電視台の電子版）では、習主席は、「現在、中日関係は好機と困難が共存している」。「歴史や台湾などの重大で敏感な問題を適切に処理しなければならない」と強調。十分に練った含みに富んだ対応をしたようだ。

この稿の既往の諸説からすると、歴史問題を重大で敏感だと述べたことは、明白に恫喝に展開する可能性を示唆している。いつでも取り上げて問題化できるぞ、という彼ら流儀の場合によっては戦狼外交になる仕掛けである。翌日のせいもあってか、新首相や日本政府及び媒体が中共党の対応にある含みに気づいた様子は、まだ見えていない。

（2）外交・安全保障の要諦を「信頼」に置くだけでいいのか

対岸の異形の大国は、日本にとって古代から時に問題を起こす隣人である。現在では、中共党の政治文化がシナ文明そのもので、詭譎を基調にしているところは変わらない。だから、超限戦とか、外交では戦狼外交とかを公然と言えるのだ。それに対峙するのに、「信頼」を前面に出す姿勢で果たして処することができるのか。ありていには、異形というか奇形というか、その大国に処して日本を守れるのか。

信頼を主張すればするだけ、日本人は建前は言うが、近代史では東洋鬼で狡猾と、反日・愛国教育で育った者たちだけに半ば皮膚感覚的に感じるのではないか。

外交の世界は、信頼を言う裏側には不信と懐疑が息づいているのを、近代日本で日清戦争の講和後の三国干渉以来、76年前の敗戦に至るまで、節目節目で手痛い学びを繰り返してきたはずである。外交の場での信頼は不信と懐疑に裏付けられているからこそ、超限戦も言う「非軍事の戦争」になる。

「超限戦」以前では、外交とは文による戦である。文官としての外交官は武人ではない自国の国益を守る戦士、と看做すのが国際常識であった。その常識からすれば、岸田のいう「信頼」という字句は言語明瞭でも意味不明、である。

(3) 韜晦の裏面に息づいていた戦狼

米国の対中専門家や情報関係は、1972年の米中関係正常化以来、40年余経って、鄧小平の言った韜光養晦《とうこうようかい》という韜晦にしてやられたことに気付いた。その一つの成果が2015年に出た米政府の対中分析要員ピルズベリーによる、懺悔の総括とも言える『百年マラソン』であった。

韜晦をかなぐり捨てると、2021年3月のアラスカ・アンカレッジで開催された米中会談での非難の応酬になる。ここには、既成の覇権を前提に置いた米国への、やがては米国を凌駕すると確信しているかの中国による、「非軍事の戦争」外交があった。その剥き出しの居直りに、米国側の代表である国務長官はしっかりと記憶に留めたであろう。1957年11月に毛沢東がモスクワ大学での中国人留学生の集会で、「東風は西風を圧する」と述べた真意がついに露呈した、かのように見える。この64年の長い時間を見よ。

アラスカの米中会談は、双方が外交の本来の姿を剥き出しで開示してくれたのを、日本の外交関係者は感謝すべきである。にもかかわらず新首相は、臆面もなく「信頼」を確信していると言明する。一体、彼はアンカレッジ会談における応酬の実態と、中国の態度をどこまで踏まえているのか、かなり怪しい。

天安門での殺傷を含めた学生弾圧で国際的に孤立していた中共政府を助けるためにか、諸諾と天皇訪中を実現させて中共党の術中に嵌った、宏池会の先人である当時の首相・宮澤喜一の二の舞を演じないか、極めて不安である。なんせ、今やGDP世界第2位を背景にして堂々と戦狼をいう相手である。新首相の発言は、外政上での本来の意味である「信頼」に基づいている、と信じたい。

(4) 詭譎を主にする外交にはどう処したらいいのか

闘戦経は、「漢文詭譎あり」(第八章)と断定した。その根拠を「孫子十三篇、懼の字を免れざるなり」(第十三章)と観た。詭譎《だまし》と懼《おそれ》は表裏の関係にあることは度々述べた。これは長年にわたり内外の病患に生き抜いてきたシナ人一流の生き残りの流儀であった。その流儀を自前の倫理観から批判し非難をしても始まらない。処世の仕方には、それなりの歴史の背景と蓄積がある。急に出来上がったものではない。だから文明という。

少なくとも闘戦経の著者は、日本と隣りの文明の間には海だけでなく、生き方において根本的な違いのあることに気づいた。この「気づき」の意味するものを無視していると、近現代史に限って観ても、互恵という言辞は言辞だけでしかなかったことがわかるはずである。

要は、相手を知ることだ。知れば、その内容に応じて対処できる。相手の得意なり特徴なりを知り、「百戦危うからず」を実現できるようになるだろう。

(5) 日本文明にとってのシナ文明は恩寵と看做すべき

かく考えていくと、隣に詭譎を基調にする文明が存在していることは、日本にとって天恵ないし恩寵と受け止めたい。例え厄介な存在であろうとも、である。ぼんやり接していると、あるいは相手の差し出す利に引きづられていると、その背後にある謀攻(詭譎)に気づいたときには、全てを失う羽目になる。すでに1945年夏の終戦と秋の敗戦になる降伏調印で経験済みではないか。

当時の中国を代表していた中華民国総統の蒋介石の日記には、日本の真珠湾攻撃により日米戦争になって、休心している。この点ではチャーチルも同様であった。民国政府はそこに至る前に、米国の世論を反日に向けるために、新聞等の媒体を用いてどれだけ虚偽宣伝をしていたかの検証は、いまだに不十分である。日本には知米の研究者はほとんどいない現実がある。親米ではあっても。

新渡戸稲造は昭和天皇の要請に応じて訪米して演説会を各地で開催したが、多勢に無勢であった。すでに、最終目的に向けての非軍事の戦争が豊富な資金により展開されていて、日本は開戦前に敗けていたのである。

そうした手練手管では党派は関係ない。シナ人の古来からのこの手のノウハウは、とうてい日本人の及ぶところではない。闘戦経は、それを簡潔に「漢文、詭譎あり」と把握した。中共党の現在でもその手法は同質である。日本にとっての反面教師がシナ文明の根幹でもある政治文化なのだ。

だからこそ、その存在は日本にとっては恩寵だ、と観た。最優先で学習すべき存在である。彼我の関係からこの公案をどう解くかに、今後の日本の行く末も明らかになる。外交と安全保障の要諦は「信頼」だと確信し広言するようでは危うい。また敗れる。

(R3・10・09)

終わりに　宰相は自国を守るために部下に死を命じねばならない

まえがき：

外説を記す必要を痛感したのは、【外説一】（04・29）の「前置き」で評したように、4月16日のワシントンにおけるバイデン・菅による日米首脳会談の内容にあった。共同声明の内容と文脈を見る限り、上掲の題名にあるように、「部下に死を命じられる」事態、有事の可能性を示唆しているからである。もっぱら世情は、武漢に発した肺炎のパンデミック現象に視野が限定されていて、今日は何人罹病したか、ベッドがどうのという数字に関心が赴いている。一方で、台湾海峡での中共が展開している演習や領空侵犯による危機の演出、その延長線上の近未来に想定される事態、との両者を比べると、落差がありすぎる。

第二次大戦の一つの導入になったスペイン内戦で人民戦線側の国際旅団に参加した、ノーベル賞作家ヘミングウエイの小説『誰がために鐘が鳴る』の映画の冒頭に、鐘が鳴り響く情景がでる。そこで英国の詩人の詩の一節が紹介される。「我も人の子なれば、誰の死も悲しむものなり、誰がために鐘は鳴ると問うなかれ、そは汝がために鐘は鳴るなり」。ヴィクター・ヤング作曲の荘厳な背景音楽と一体になって、これから起きる悲劇の予感が観客に迫ってくる。この場面はぶっきらぼうな小説の文体を追ってもたらされるより数段も迫力がある。主題は、特殊任務になる戦場での死であった。

台湾海峡を巡る事態は明白に危機的な様相を呈している。それが作為的な演出によるものかどうかは、市井に生を偸んで閑居している身では覗うすべはない。ただ、日米共同声明の内容を見る限り、言葉は遊んでいない。受けて立つ北京政府は、声明の背後にある展開可能性を十分に承知しているはずである。仕掛けている当人だから。ここでの「読み」を誤ると、実態は内憂外患の習体制は崩壊する。中国の政治体制には、日本や欧米さらに台湾のように、個人の秘密投票による政権交替はないからである。

可能性の程度の評価はさておいて、もし、「台湾有事」になった場合、共同宣言に明記しているように日本は無縁ではなくなるはずである。その確認を今次のワシントン訪問で両首脳は確認した。結果、自衛隊の最高指揮官は、この小文の副題にある「部下に死を命じられる」事態がありうる状況を確認想定した、と思う。

10年前の東日本大震災での福島原発事故でも、「想定外」の状況での糊塗とはいえ、それに近似する事態になったのは、近年になり明らかになっている。そこから、命令を下す当事者の迷走ぶりも明らかになった。最終命令を下す指揮権者であった首相のその後の国会での言動を見る限り、いまだに気付いていないノーテンキぶりを発揮している。その覚悟全く無しに議員になったのがわかる。そうした者を国政に送り出したのは選挙民の国民である。それをもって、国民主権というらしい。これでは、自分で自分の首を締めているようなものだ。戦後民主主義の負の成果である。

今次の共同声明により、そのような事態を必要としなかった三四半世紀に及ぶ稀有な時間の終焉を意識する必要に迫られていることを自覚すべきであろう。さて、我らが宰相菅にその職責意識はありや。

(1) 日本人から「命令と実行」心理の希薄化を意図した占領政策

米国の占領政策への評価は、東大の学者をはじめとして膨大な調査研究がされて公表されている。その大半は「軍国主義から民主化へ」、の礼賛に終始している。これは観点の問題であるから、それらをいまさら論《あげつら》っても仕方がない。だが、上掲の小見出しにある「心理の希薄化」作用に占領軍当局（GHQ）は主力を注いでいたのは明白だ。占領の政策綱領であったポツダム宣言の文辞に明らかである。上掲の諸研究は、その観点から読まないから理解できないだけの話だ。

結果、戦後民主主義とは、国政の最高責任者の任務の究極には、一国の安全保障を維持するためには国民なり部下なりに、必要に応じて「死」を要請したり、ありていには命令する場合もある、という事柄の削除が自明になり成立した。現行のいわゆる平和憲法にはどこにも、その法理は無い。その領域は、日米安保条約により一見すると米軍が肩代わりするかのようになっている。

しかし、米大統領バイデンは、この（2021年）8月、アフガニスタンから米軍を撤収するにあたり、「自国を守ろうとする戦意のない国を米国が守るつもりはない」との発言をした。この発言を非難する者もいるが、この発言自体は健康な常識である。

(2) 選挙権を行使の際、判断基準に死の命令を意識するか

平和教育？　で育った今の大半の若年世代は、その欠陥法理を少しでも常態にしようとする安保法制に、違憲の「戦争準備の法制」だと国会周辺に集い騒いだ。野党第一党も。当人らは大まじめだが国際常識では全く通用しない。

常識的な諸外国では指導者を選択する選挙権の行使の際、この候補に死ねと命じられたら受け入れるかが判断基準にある。この三四半世紀の日本では、平和国家だからと、おそらく99％以上の選挙民はこの見地は想像の外であったろう。そのような事態になると、従容として肚を決めるか、茫然自失して錯

乱状態になるか。日本人は思い切りが早いから、案外、前者か。だから、北京は時々は恫喝しながら様子見に徹している。分析と評価に追われているのだろう。

（3）宰相は一国を守るのに、常時、死を覚悟するのが職責

闘戦経は、この精神領域について、「死と生とを忘れて死と生との地を説け」（第十二章）と、実に素っ気ない。見事なほど公案くさい。だが、何となく重要な示唆に富んでいる気配は感じる。市井の常人は、そのような境地に至ることは人生においてほとんど無い。指導者と常人の立場の違いである。だから選良というのだが。

また、「体を得て用を得る者は成り、用を得て体を得る者は変ず」（第四十章の冒頭節）とも指摘している。ここで言う「変ず」とは、失うという意味ではないかと思う。それは、それに続く文節を読むからである。省察するに、講和後の歴代の首相の多くは、例外を除き、前掲の引用文にある「成り」とは無縁ではなかったか、と思うことしきりである。

令和3年4月の日米首脳会談において、菅首相は日米間にある事態を国利から淡々と受容したような感じもする。以前と以後では、肚の座り方が違ったようにも見える、という説もあるのだが。北京が静かなのは、菅の自然体に見える在り様に判断しかねていたからだろう。菅の退任を受け、新首相になった岸田は我が身の特徴を「聞く力」というが、最終的には命令を下さねばならない。その覚悟はあるのか。

(4) 泡沫《うたかた》の過程に入った戦後民主主義の運命

事態は、8月末のアフガニスタンでの米軍撤収時における邦人及び関係者の避難問題にも出ているのは、戦後民主主義の限界である。現行憲法に拘束された事態認識がまだ大道を闊歩している日本社会の無様さにある。

米軍の主力が撤退し首都カブールの国際空港を守る4千人の米軍兵士だけが残っているところに、日本の関係者を救出するために自衛隊輸送機3機がカブールに向かった。8月25日に到着した最初の輸送機は、27日に一人の日本人女性を乗せてパキスタンのイスラマバードに着陸した。26日には14名。しかし、邦人ではなく背景も不明。後者は米軍の要請に基づいた、らしい。

そして、26日にはタリバンではないISによる自爆テロが空港で起き、米軍兵士13人及び国外に避難するために空港にいたアフガン人二百人近くが死亡したとの報道である。そして、31日、宣言通り、米軍は撤退した。自衛隊機もそれだけで撤収した。

ここから想定されるのは、非常時の日本人及び関係者がどう退避するかのシュミレーションがどの程度にされていたのか。今回、自衛隊機に搭乗するはずのアフガン人数百名の乗るバス群が自爆テロで空港にいけなかった。邦人などを守るはずの日本大使館員は、ドバイ経由でイスタンブールにとっくに避難していた。

3機を送り込んだものの、どれだけの日本に関わる直接関係者がアフガニスタンに残されているのやら。こうした混乱が起きるのも、表題にあるように、泡沫《うたかた》の過程に入った戦後民主主義の例証であろう。

戦後民主主義の是非が問われている。戦後民主主義は、国家国民を守るのに不可欠のインテリジェンスの領域を削除しているところに成立していたからである。守るための戦いを捨てるところに戦後体制の特質があった。それが、カブールからの救出問題に作用していた、という側面を否定できない。

（R3・06・16。09・02一部追記）

特論　中共党・第三次「歴史決議」を超限戦から読む

はじめに：日中関係でのホット・ゾーン

東アジア世界は、覇権の拡充に集中する中国による「戦略的〝国境〟（辺境）」の拡張過程にある。その渦中に、尖閣、台湾が支配する大陸に付着している金門・馬祖がある台湾海峡、また、同様に南シナ海での太平島と東沙諸島が、中華民国の名の下に台湾領としてある。中国は、台湾を解放（侵略）するとの主張を加速している。米国政府高官や連邦議員が台湾重視を広言するのは、台湾の帰趨が米国の太平洋の覇権を制する蟻の一穴になるのを知るがためである。

東シナ海と南シナ海は、日本のシーレーンの死命を制している。ここで自由航行権が脅かされると、日本経済の動脈である石油の輸入は危うくなる。台湾海峡は、東シナ海と南シナ海の「航行の自由」という現状を確保する海域なのを、多くの日本人は切実に思っていない。しかも、台湾海峡と尖閣海域の安全は不離な関係にある。両者がホット・ゾーンを形成している。

首相・安倍晋三が提唱した「自由で開かれたインド・太平洋戦略」（２０１６）は、共鳴した米国は当然のこと、豪州、英国、仏は軍艦を西太平洋に派遣し、海上自衛隊の艦船と共同演習を展開。さらにドイツまで艦艇を派遣し日本に寄港した。中国は独艦の上海への寄港を拒んでいる。この戦略構想がいかに時宜に叶っていたか。西太平洋と隣接する海域である東・南シナ海での航行の自由が、中国で脅かされているのを危機、と各国は受け止め共有しているのだ。

日本の今の政情では、危機感の認識の深浅で致命的な錯誤をもたらす危険性なしとしない。ここでは、軍事的な観点よりは、中共党の誇示している戦略発想である「超限戦」の定理からの接近を試みる。すると、表題にある第三次「歴史決議」の内容の解析と評価が重要になる。加えて、その重圧に日本の敗れないための対処には、何を踏まえねばならないのか、闘戦経にある倭教から考えてみる。相手の軍拡に軍拡で対処するしかないのか。

(1) 第19期中央委員会第6回総会・第三次の歴史決議

一次は毛沢東主導の1945年4月20日、「若干の歴史問題に関する決議」、延安で吹き荒れた王明などコミンテルン派を追放した整風を経た上でのもの。二次は文革という混乱期で台頭した毛沢東夫人の江青など4人組を追放した上での、周恩来を継いだ鄧小平主導によるもの。1981年6月に開催された第11期6中全会で採択された、「建国以来の若干の歴史問題に関する決議」。ここで毛沢東の総括がされた。7分が功績、3分は大躍進や文革での錯誤。

一次や二次と違い、経済力と軍事力による自信の裏付けの集大成としての覇権を背景にしたのが、習近平による今次、第三次の「歴史決議」である。しかも、今年は中共党創立百年にあたる。11日の会議が終了して、決定された歴史決議は公表されずに、コミュニケが報道された。全文には公表をはばかる行《くだり》もあるのかと勘ぐりたくもなる。とにかく結党以来の軌跡は全て正当なものと力説されている。そこで名称は「党の百年奮闘の重大な成果と歴史経験に関する中共中央の決議」となった。

（2）第三次の歴史決議の背景にある中国の「勢威」と覇権

前2回決議の環境と決定的に違う面を指摘しておきたい。最初は、毛沢東によるもの。その弁論は日本軍国主義に中共党は必ず勝利を収めると勇ましかった。日本は、太平洋戦線での海軍の錯誤によって後退に次ぐ後退、その戦力に陰りは見えていたが、支那派遣軍は全く健在であった。さらに国民政府軍も健在、ソ連の補給は多少はあっても中共の実態は気息奄々。現在、その戦史は偽史の典型である。中共党中央宣伝部は自国民いや人民に、臆面もなく創作に満ちた歴史戦を展開している。その文脈は、今次のコミュニケの基調にも露骨に出ている。

2回目は、中ソ対立と論争の現実面での実証である40万ともいわれるソ連軍による中モ国境での北京制覇を意図した対中圧力と、内政面では大躍進に次ぐ文革の混乱の収拾に取り組んでの、党の生き残りを図る路線確定のために必要であった。改革開放で外資導入を意図する鄧にとって、毛とその思想の評価問題の総括をしないと、人民が食える状態にする次の段階に進めなかったから。

第三次の今回は、そうした制約はない。内政外政に問題はあるものの、国際社会での「勢威」は以前と比べようがない。統計数字の操作はあるが、なんせ、GDP世界第二位の強国それも超大国と表してもいい。軍事力も同様だ。

（3）日本に与えられている中国の勢威の実態

さて、この超大国化している隣国に対して日本はどのような位置にあるのか、改めて考えてみたい。

1991年のソ連解体後、東西の冷戦が消えた。その間隙をぬって中共党は80年代から始まる米日の支援をフルに用いたインフラ整備を経て、強国に成りえた。しかも、ロシアの相対的な弱化に伴い、中露はユーラシア大陸においてその内容はともかく、微妙な「同盟」関係を築いている。この同盟に、朝鮮半島にある2国は、北は協調、南は基本面で中国依存を求めつつ、余儀なくもされている。

この新たなランド・パワーの台頭に日本は直面している。しかも今回の中華帝国は、ユーラシア大陸のハートランドへの影響力を築くために上海協力機構を2001年に発足させた。その延長線上に米軍撤退後のアフガニスタンへの関与もある。上海協力機構は、その命名にあるように、同時にシー・パワーになろうとしている。その意図というか野望は、第3列島線を見れば判明する。

日本は、経済面での日中関係が貿易面では対米を越えているので、微妙な動きにならざるを得ない。海洋国家であるはずの日本は、唯一の同盟国である米国との軍事的な連携で対処しようとしている。一方の今の米国は、対中で安保面では既得覇権を失いたくないために強く出るものの、経済面では必ずしも強硬ではない。金融を含めたマーケットとしての中国で利を得ている経済界は融和的でもある。この面では、日本と共通している。米国のブッシュ以後の歴代大統領等は、トランプ以外、利で釣られてきたのは公然の秘密であるから。こうした浸透は超限戦を待たずとも、シナ政治のお家芸である。

太平洋での影響力をめぐってロシアと組んだ中国と日米等との軍事面での抗争の比重が高まりつつある実証が、リムランド台湾の存在への関与である。シナ政治のお家芸が、ここではどのように出てくるのか。

(4) 日本軍国主義という表現の戦略的な背景

「日本軍国主義は過去ではない。いつでも復活する懼れがある。反動勢力が実在しているからだ。反動とは何か。日本軍国主義への自己批判の足りない者たち。だから、その傾向の台頭は事前に芽を摘む必要がある。それには、日本にいる日中友好派と平和を愛する中国人民は組む必要がある。彼らは、日本の近代史の悪行を批判しているから。こうした勢力との連帯の上に、反動勢力の台頭を防げねばならない。日本軍国主義は、日中人民の共通の敵である」。以上が毛沢東の衣鉢を継ぐ中共党の変わらない政治面での対日戦略の骨子である。

かくて、日本軍国主義のシナ大陸で行われた悪行の数々の証拠の多面に及ぶ創作が、2つの面から行われた。一つは、日本人戦犯による自白である。中には南京大虐殺に加わったという戦犯が、当時は少年であった事例もあったという。洗脳の過剰な効果による思い込みによる取り調べる側への迎合であろう。自白には、中共党の上記の認識に基づく誘導と多くの創作があった。

二つは、その自白を「証明」する証拠写真である。写真は、南京の「大虐殺紀念館」に掲示されているように、大部分が捏造写真なのは、多くの証明がされている。にもかかわらず、中国政府は、南京大虐殺と称する証明「資料」をユネスコの歴史遺産に紛れ込ませた。日本政府は見ないふりだ。見ないふりは、中国の歴史戦での犯罪（創作）行為に加担しているのと同じではないのか。この中共党の陰湿な手口を余り軽視しない方がいい。

2つとも「歴史戦」の鋭利な武器であり、さらに長期の展望に基づく認知戦の一環である。日中友好に名を借りて、日本の特定の媒体、例えば朝日新聞は、本多勝一による『南京への旅』（1971）で、中共党の言い分と提供した「写真」を生かしたルポルタージュを読者に提供した。この記者は、後にポルポトの自国民虐殺は無かったと主張する異様な神経の持ち主である。

日本のシナ大陸での戦争犯罪を宣揚した『三光』（神吉晴夫。カッパ・ブックス。1957）はその走りで、基調は同工異曲である。この作品の延長に、1981年に同社から出たのが、森村誠一による関東軍731部隊を主題にした『悪魔の飽食』。写真に問題が生じて、同社は絶版にしたが、森村は執拗に他社からシリーズにして刊行している。

また、エドガー・スノーのように毛沢東に心酔して延安に滞在し、中共党のペースによる創作を米語の本にして一躍有名になった者もいる（同『中国の赤い星』1937。『アジアの戦争』1941）。中共党の見地からの日本軍兵士による虚偽の悪行が、これでもかと書き連ねている。日本軍国主義の悪行を米英に流布した古典である。毛は、親しそうに振る舞っていたが、原稿の改ざんに介入していながら、側近には彼を米国のスパイだと言っていた。

元NYT紙の東京支局長N・クリストフのように、戦時中に中国北部で日本兵が人肉を食べたとの記事を1997年に書いた。産経記者が証言者に問いただすと「言っていない」という。クリストフに会見を申し込むと、拒否された。一連の目に見えない認知戦に基づく反日戦線が、戦前からボーダーレスで根深くできていることに気づく日本人は少ない。

（5）中国崩壊説は敵を利している

中国経済崩壊から中国共産党支配の解体に至る、といういわゆる崩壊モノが店頭に横積みになっている。強いて著者名は挙げないが、一定の読者層を掴んでいるために、同工異曲本は繰り返し刊行されている。

だいたい、この手の説が世上に流れたのは、記憶によれば早いものでは、2008年頃だったか。8月の北京五輪が終わったら半歳以内に崩壊する、と断言した著作もあった。だが、9月に起きたリーマン・ショックを追い風にして巨額な財政出動が功を奏し、中国経済は成長の一途を辿り今日に至った。

縮小した米経済の余波による世界経済への深刻な影響からの離脱に、中国経済の需要拡大は多大の貢献をした。

最近はマンションなどへの投機（鬼城）に支えられていたバブル経済の崩壊が始まっている現実を指して、習近平の独裁体制が終焉を迎えつつあるという。だが、間接的には公的なＩＭＦから直接には私企業ではゴールドマン・サックスなど各種ファンドに至る国際金融は、いまだに中国に肩入れしている。成長の見込まれる融資先が中国しかないから？

香港での強権支配、ウイグル族の百万を越える囲い込みによる強制収容所での意図したジェノサイド、台湾海峡を挟んでの台湾への度重なる戦闘機の侵犯や外交による恫喝などは、中共支配の断末魔の例証だと言うのもいる。

中国ないし中共党に嫌悪感を持つ者にとっては、崩壊説は心地がいい。だが、この種の予言は危うい対中認識をもたらす。それは中国は強くないという希望的な観測の強化である。むしろ、崩壊説の横行は、北京にある対日など一定の諸国への心理工作にとって、利する効果をもたらしている。超限戦の主力である「非軍事の戦争」になる宣伝工作を含めた軍拡のペースが弱まっていない事実の示すものは何か。

中長期的に観察すれば、崩壊説は無視できない。しかも、短期的に見れば、「未来は想定よりも早く訪れる」という警句も軽視できない。しかし「軍拡」のペースはソフト面でも弱まっていないと推察する。その背後には、「偏」に力点を置く偽情報を撒き散らして分断を拡大する、超限戦の発想が脈々と息づいている。

（6）今の日本人は敵を知っているのか

国内で中共党支配の評価への判断が錯綜するのは、中国の封じ込めを意図する「自由で開かれたインド・太平洋戦略」の提唱に、かつてのソ連に対抗したようにサミット参加国の主力が進み出していることとの意味がわかっていないからだ。中共党は言動では優越しているかに振る舞う。孤立からの離脱の試みの一つがTPPへの加入申し込みである。加入の前提条件がほとんど用意されていないにも拘わらず、だ。第三次の歴史決議の要旨と思われる今回のコミュニケでいくら自画自賛しても、中国には「自由で開かれた」社会はないから。

こうした状況に対峙するにはどうすればいいのか。前述したように、軍事力には軍事力で対抗するのは上策ではないのは、孫子の指摘するところ。しかし、日本はソフト面での認知戦や歴史戦で中共党に敗け続けているのは、前掲の各論で指摘している。孫子や超限戦の提起から学ばず、従って対応できない。これまでを見る限り、敗れるのが自明化している。

むすび：超限戦に敗れない闘戦経にある倭教の自覚

文明としての日本、歴史伝統ある日本を守るとは何か。先ずは守る、あるいは守らねばならないものが、決して頑強ではないことを識る必要がある。闘戦経は、「胎子に胞有るを以て造化は身を護るを識るなり」（第三十五条）という。

「胞有る」のに気付かず放っておけば、胞（膜）は破れ消滅してしまう側面もある。

日本文明の自覚は、聖徳太子の十七条の憲法に記されている「和《やわらぎ》」を尊ぶ、繊細な雅《みやび》を継承するところにある。皇室をはじめ市井にある気づいている者たちがこれまで営々と支えて、現在に至っている。

しかし、１９４５年秋から始まった占領下での、意図した日本改造というか改悪に殆どの日本人は気付かずに、無抵抗に順応してしまった。占領軍の繰り出した認知戦、歴史戦に大方は無防備であった。今日に至る弛緩の始まりだ。

この点で平均的な日本人は純情である。第三次の歴史決議にもあるように、シナ人の自己主張の頑強さと平然と虚偽を並べ立てる厚顔さを持していない。超限戦の提起は、そうしたシナ人の感性と無縁ではない。

闘戦経は、日本人の繊細さと表裏にあるはずの剛健さの必要を簡潔に述べた。修養と修行を積み重ねると、「真鋭」を内発できる径を見出せる、と章文は説いている、と筆者は読んだ。無名有名を問わず多くの日本人により受け継がれてきた、虚に走らず実を信頼し立脚する地道な修養と修行の営為の背景あって、危機を打開する剛ある者も生起し得る。

この「倭教」の伝えるものを、現代の状況にどうすれば蘇生し自家にし得るかは、各人が自分の置かれている環境で工夫するしかない。この工夫の過程に、詭譎の現代化である超限戦に敗れない方策も自ずと生じてくる。

現在の事態で最初に確認すべきは、第四十五章の一節にある、「智は初めにして勇は終わりたらんか」の吟味であろう。ここでいう智とは智恵でありインテリジェンスを重視し活かす在り方であろう。智の働きで得られた方策を活かすには勇が求められる。敗れた昭和の統帥部はここで言う智よりも勇を優先した模様なのは、昭和天皇の『独白録』の一節に明記されてある。

（R3・11・13）

闘戦経・笹森順造釈義による仮名混じり読み下し文

若干の前置き

原文は漢文、したがって「読み下し」には違いが生じる。そこから、解釈も意味も微妙な違いが起きる。

本来は、諸家の読み方の比較検討をすべきだが、その作業は取り組む後世の他者に任すところとする。ならば、原文をそのまま紹介すべきではないか。漢文の素養の無い者には異国語に接するようなものだから、関心のある向きは原典に当たられたい。

筆者にとっては笹森の「読み下し」が身近に感じたので、再録した次第。ただし、笹森の「読み下し」も漢文、漢書の素養のある世代のものなので、その素養から切れている現代の読者には、読みにくいことおびただしいものがあると思われる。仕方がない。必要最小限度カッコでひらがなを入れてある。（）は笹森の読み下しにあるルビである。筆者の補足は［　］内である。その他、旧仮名遣いを今様に変えた場合もある。

なお、意図あって笹森が記したであろう各章の表題は省略した。

第一章

我が武は天地の初めに在り、しかして一気に天地を両（わか）つ。雛の卵を割るがごとし。故に我が道は万物の同根、百家の権輿なり。

第二章

これを一と為し、かれを二と為せば、何を以て輪と翼と諭（さと）らん。奈何（いか）なる者か、蔕（へた）を固め萃（はな）を載する。信なる哉（かな）。天祖瓊鉾（ぬぼこ）を以て磤馭（おのころじま）を造る。

第三章

心に因（よ）り気に因（よ）る者は未（いま）だしなり。心に因（よ）らず気に因（よ）らざる者も未（いま）だしなり。知りて知を有（たも）たず。慮って慮を有（たも）たず、竊（ひそか）に識りて骨と化す。骨と化して識る。

第四章

金は金たるを知る。土は土たるを知る。即ち金は金たることを為す。土は土たるを為す。ここに天地の道は純一を宝と為すことを知る。

第五章

天は剛毅を以て傾かず。地は剛毅を以て堕ちず。神は剛毅を以て滅びず。僊は剛毅を以て死せず。

第六章

胎に在りては骨先づ成り、死に在りては骨先づ残る。天翁地老と強を以て根となす。故に李真人曰く、其の骨を実にす、と。

第七章

風黄を払い、霜蒼きを萎（しぼ）ます有り。日南して暖無し。仰いで造花を観るに断有り。吾武の中に在るを知る。

第八章

漢（から）の文は詭譎有り。倭（やまと）の教は真鋭を説く。詭なるかな詭や。鋭なるかな鋭や。孤を以て狗を捕へんか、狗を以て狐を捕へんか。

第九章

兵の道は能（よ）く戦うのみ。

第十章

先ず仁を学ばんか。先ず智を学ばんか。先ず勇を学ばんか。壮年にして道を問う者は南北を失ふ。先ず水を呑まんか。先ず食を求めんか。先ず枕を取らんか。百里にして疲るる者は、彼れ是をいかんせんとする。

第十一章

眼は明を崇［たっと］ぶと雖［いえど］も、豈［あ］に三眼を願はんや。指は用を為すと雖も、豈に六指をもちいんや。善の善なる者は却って兵勝の術に非ず。

第十二章

死を説き生を説いて、死と生とを弁ぜず。而して死と生とを忘れて死と生との地を説け。

第十三章

孫子十三篇、懼の字を免れざるなり。

第十四章

気なる者は容を得て生じ、容を亡（うしな）って存す。草枯るるも猶（な）ほ疾を癒す。四体未だ破れずして心先づ衰ふるは、天地の則に非ざるなり。

第十五章

魚に鰭［ひれ］有り蟹に足有り。倶に洋に在り。曾［かつ］て鰭を以て得と為［な］さんか。足を以て得と為さんか。

第十六章

物の根たる者五あり。曰く、陰陽。曰く、五行。曰く、天地。曰く、人倫。曰く、死生。故にその初めの始を見る者は神たり。神にして衆人のために舌たる者を聖となす。

第十七章

軍なるものは、進止有って奇正無し。

第十八章

兵は稜［ろう］を用う。

第十九章

儒術は死し、謀略は逃［にぐ］る。貞婦の石と成るを見るも、未だ謀士の骨を残すを見ず。

第二十章

将に胆有りて軍に踵［きびす］無きは善なり。

第二十一章。

先ず翼を得んか。先ず足を得んか。先ず觜を得んか。觜無き者は命を全くし難し。翼無き者は蹄を遁［のが］れ難し。足無き者は食を求め難し。嗚呼我是を奈何せんや。却て蝮蛇毒を生ず。

第二十二章

疑えば天地は皆疑わし。疑わざれば万物皆疑わしからず。唯だ四体の存没に随［したが］って万物の用いると捨つるとあり。

第二十三章

呉起の書六篇は、常を説くに庶幾（ちか）し。

第二十四章

内臣は黄金のために行わず、外臣は猶予のために功あらず。

第二十五章

草木は霜を懼［おそ］れて雪を懼れず。威を懼れて罰を懼れざるを知る。

第二十六章

蛇の蜈（むかで）を捕らうるを視るに、多足は無足にしかず。一心と一気とは兵勝の大根か。

第二十七章

取るべきは倍取るべし。捨つべきは倍捨つべし。鴟顧（しこ）し狐疑する者は智者依らず。

第二十八章

木火（や）け、石火け、水また火く。五賊倶（とも）に火有り。火なる者は太陽の精、元神の鋭なり。故に守って堅からず、戦いて屈せられ、困（くる）しんで降る者は、五行の英気あらざるなり。

第二十九章

食うて万事足り、勝ちて仁義行わる。

第三十章

小虫の毒有る、天の性か。小勢を以て大敵を討つ者もまた然（しか）るか。

第三十一章

鬼智もまた智なり。人智もまた智なり。鬼智、人智の上に出［い］づと。人智、鬼智の上にいづること無きこと有らんや。

第三十二章

戦国の主は、疑を捨て権を益すに在り。

第三十三章

手に在りては指を懐［おも］うことなかれ。口に在りては舌を動かすことなかれ。懐うと動かすとは将（まさ）に災心有る者は虎にして羊とならんとす。

第三十四章

変の常たるを知り、怪の物たるを知れば、造化と夢との合うがごとし。

第三十五章

胎子に胞有るを以て造化は身を護るを識るなり。

第三十六章

瓢は葛に生じ、毒は蝮に有り、芥子は須弥を入る。天地の性豈に少なしと謂（い）わんや。

第三十七章

先ず脚下の虵を断ち、しかして重ねて山中の虎を制すべし。

第三十八章

玉珠温潤なるは知か。影は中に在り。故に知は顧みるべし。炎火光明なるは勇か。影は外に在り。故に勇は進むべし。是れ陰陽の自然か。自然を以て至道となさざれば、至道もまた何をか謂わんや。

第三十九章

鼓頭に仁義なく、刃先に常理なし。

第四十章

体を得て用を得る者は成り、用を得て体を得る者は変ず。剛を先にして兵を学ぶ者は勝主となり、兵を学んで剛を志す者は敗将となる。

第四十一章

亀の鴻を学ぶこと万年、終にならず。螺［たにし］の子を祝すこと一朝にして能く化す。得ると得ざるとはそれ天か。

第四十二章

龍の大虚に騰［のぼ］るは勢なり。鯉の龍門に登るは力なり。

第四十三章

単兵にて急に擒にするには、毒尾を討つなり。

第四十四章

箭［せん］の弦を離るるは、衆を討つの善か。

第四十五章

輪の輪たるを知ればすなわち蜋［かまきり］の臂（ひじ）伸ぶべし。輪の輪たる所以を知らざればすなわち蜋の臂折るべし。しからざればすなわち智は初めにして勇は終わりたらんか。昔人船を作る者有り。或るひと問うて曰く、帆を作りて後、楫［かじ］を作るか、楫を作りて後帆を作るか。舟工、鑿［のみ］を擲（なげう）ちて曰く、子いづくんぞ洋海を渡る人たるを得んやと。

第四十六章

虫にして飛ぶを解するか。蝉にして蟄することを知るか。一物にして二岐となり、彼を得れば是れなく、是れを得れば彼なし。

第四十七章

人、神気を張れば即ち勝ち、鬼、神気を張ればすなわち恐る。

第四十八章

水に生くる者は甲有り鱗有り。守る者は固きを以てす。山に生くる者は角有り牙有り。戦う者は利きをもってす。

第四十九章

石を擲（なげう）ちて衆を撃つは力なり。矢を放って羽を呑むは術なり。術は却て力に勝る。然りといえども兵の術は草履のごとし。その足健にして着すべし。あに跛者の用うるところとならんや。

第五十章

化して龍となり、雲雨を致さんか。化して虎となり、百獣を懼れしめんか。化して狐となり、妖怪をなさんか。龍となるものは威なり。虎となるものは勇なり。狐となるものは知なり。威は久からず。勇は欲けやすく、知は実なし。故に古人は威に頼らず、勇に頼らず、知に頼らざるなり。

第五十一章

斗の背に向かい磁の子を指すのは天道か。

第五十二章

兵は本、禍患を杜（ふさ）ぐにある。

第五十三章

用兵の神妙は虚無に堕ちざるなり。

あとがき（一）

言葉ないし言語だけでは観えない世界がある

本書は『中国という覇権に敗れない方法　令和版・『闘戦経』ノート』（以下『闘戦経ノート』＝別著）の姉妹版になるが、本来は、時局のその都度の所懐を、A4二枚にまとめて親しい人々に送ったものであった。その大半は、ネットでのブログ『ぼくとう春秋』に投稿したものである。再録に際して、多少の加除をしている。

その意図は、中国の急速な台頭に対峙する気構えの不十分な日本への危機から発した諸稿である。従って、別著の歴史と指揮統率（統帥）や指導者論に重点を置くより、最近の時勢に力点を置いている。別著（『闘戦経ノート』）と比べると繰り返しがあり、あるいは食い足りないと思う読者もいるかも知れない。それは、主題に応じてのものなので、許容ありたい。

この機会に書物についてのシナ大陸の文明圏での古代からの流儀について触れておきたい。この流儀は、日本にもしっかりと伝播してきた。案外、日本でも古代から、そうした流儀があったのかもしれない。その内容から後述のように伝わってきていない。

文字化され公開された内容は、いわば顕教である。その半面で、公開されない密教、あるいは特定の者への口伝、秘伝の意思疎通の世界がある。一例を挙げれば、孫子にも口伝で「裏孫子」があったかも知れない。あれだけ秘密結社が横行するシナ社会である。仲間内しか信用できない社会での意思伝達には、公開文書だけでは十全であるはずがない。

日本でも、ここで扱った闘戦経は、必要最小限度な文字しか記されていない。しかも日本化された漢文である。紙背とか行間を読むとか、言外の言、という。大江家の家伝であった以上、口伝での継承は無かった、とは言いにくい。

象徴的な動作で意を伝えるのを重んじた能を確立した世阿弥の『風姿花伝』（1400年頃の作か）に、「秘すれば花」という表現がある（別著『闘戦経ノート』三章二節参照）。味わいのある修辞で肚にぐさりとくる。

これらの言葉の示唆しているものは、言葉だけでは本意は伝わらない、という自覚でもある。行いが伴っている。しかし、行いだけでは全ては伝わらない。言葉が無ければ意思疎通はできないから。この背反の意味するもの、その双方をひっくるめて、伝わるあるいは伝えることも可能だというわけだ。

師弟相伝という表現は、そのなりフリを見て黙って盗め、ないし学べという言い方と一体になっている。芸道や職人芸の世界だけでなく、近代以前は禅宗など信仰の世界や学の領域もそうだった。今風に流通しているのは、マニュアルである。だが、マニュアルで全てが伝わる領域は、いわば誰にでも習得できる分野である。知の世界でもマニュアルを越えた世界が拡がっている。

孫子も闘戦経も、読む者はそこにある言葉だけでなく言外の世界を凝視するしかない。つまり、言葉ないし言語だけでは観えない世界がある、ということを踏まえつつ読むのだ。文章をわかりにくいとは、言葉だけで理解できるはずだという傲慢さがあることに気づいていない証明である。近現代人の多くは、言葉に重点を置くことによって、観えない世界、あるいはわかる世界が浅くしたり見えなくしてしまったのである。

妙な機縁で闘戦経に接して、最初に読んでから20年以上経った。晩年になればなるだけ、そこに発見があった。観えないものの一部が見えてくるからである。推敲なり加除なりは、読み直す度にされた。本人の努力の足りなさもさることながら、筆者はあまり頭脳が明晰でないのであろう。これは天与だから仕方がない。

この機会、「令和版・『闘戦経』ノート」を刊行できたことによって、自己流に読んだ成果？を公開することができた。このような商品に成りにくい作品を刊行する機会を作ってくれた関係者諸氏に感謝の意を捧げる。


（R3・9・18）

あとがき（二）

二〇代、西欧を放浪していたとき、比較的に長く滞在した某所で、縁あった各国の放浪者やまともな留学生、勤め人などが筆者の部屋に集ったことがある。私を通しての共通の知り合いであるスペイン人の知人がワインをもって来るので集まろうとなったから。学生間でベトナム反戦の抗議行動が流行していた頃だ。米国人学生や若い世代には、西欧社会はあまり居心地の良い時代でなかったように思う。帰国すれば軍に入隊しなくてはならない米国の学生がいた。他は、フランス、フランス国籍の旧ベトナム貴族、英国人学生はいたようないないような。彼はオクスフォードのカレッジに所属していた。

第一次世界大戦前後の欧州で囁かれた小話が話題になった。飛行機に、日本人とドイツ人、フランス人と英国人が乗っていた。米国人は乗っていなかった。エンジンが不調になり、操縦士がこのままでは墜落する、誰か一人降りてもらわなくてはならない、となった。すると、日本人が最初に名乗りを上げて、「天皇陛下、万歳」といって飛び降りた。そのままのいだものの、またエンジンが不調になり、もう一人降りてもらわねばならないといった。2番目に、ドイツ人が、「カイゼル万歳」といって飛び降りた。それでも、やがてエンジンが不調になり、もう一人降りてもらわねばならなくなった。すると英国人が立ち上がり、「ゴッド・セイブ・ザ・キング」と言って、フランス人を落とした、という次第。

そこで、60年代の後半。今度はどうなるだろう、となった。私は、第二次大戦で懲りた日本人は、最初に立ち上がるようなことはしない、と述べた。互いに、顔合わせた結果、最初に飛び降りるのは米国人だろうとなった。次は誰だ、答えは出なかったが、米国人が最初だろうという点では、米国人を含めて、誰も異存がなかった。半世紀余経って、なぜか思い出される。多分、8月末のアフガニスタンからの米軍撤退によるカブール国際空港の情景が強烈だったからかもしれない。

（R3・9・26）

著者略歴

池田 龍紀（いけだ たつき）

１９４１（昭和16）年生。父親の職業柄、北京、天津、南京で終戦を迎える。旧日本軍の厩《うまや》で集団生活に入るも、途中で我が家族だけ上海に。家族といっても、母と生まれて一年にもならない弟と私の三人の一年弱後に佐世保に引揚げ。父親の郷里、旧清水市（現静岡市清水区）に居住するも、後に朝鮮半島経由で帰国した父親の仕事で、静岡、名張市、木曽福島、古知野市と転々として、再び清水にもどる。小学校３年。中学校、高校と郷里で卒業。上京して大学に進学。

20代の半ばに西欧に遊学。60年代後半で、西ドイツやフランスは新左翼全盛の頃。人脈をたどり、西アフリカのケニヤ、クーデタ後の内陸のスーダンからエジプトなどを遍歴。イスタンブールを起点にしてヒッピー全盛の西南アジアを陸路行く。テヘラン、カブールなどに滞在。インド、ネパール、マレーシア、タイ、香港、台湾は高雄から台北を経て帰国。３年弱。

30代半ばまで、アルバイト生活。35歳から、政府系の公益法人で東南アジア、主にインドネシアでの地域開発事業計画に従事。この仕事が一段落ついたので、タイ農村での地域開発のパイロット事業の策定に着手するも、カウンター・パートの事情で壁にぶつかり、打開のために40代早々にバンコクのマハニカイ系の僧院にて得度。僧伽の活用を考えた。拠点作りの候補地で、紹介されたのは泰緬鉄道のタイ側の起点カンチャナブリ。意図する方角が逆だった。東北部の真ん中にあるコン県も提起されたが。

帰国後に辞職して、千葉で拠点作りのために農場を創設するも、経営に失敗して6年で撤退。

天安門事件の1989年の末に、北京大学から旧満洲のハルピンに行き、その後に主要都市の大学を歴訪。ソ連の動揺が中国の大学人に伝播しているのを目の当たりに。一方で鄧小平の改革開放路線が着実に浸透しているのを実感。翌年にハバロフスク経由でウラジオストックと旧樺太の豊原（ユジノサハリンスク）を度々視察。ソ連社会の本格的な動揺を知る。沿海州の某大学との間で協定を結び、ソ連崩壊後のビジョンに関わるプロジェクト事業を行った。中国人とロシア人の違い、日本人への対応の微妙な違いを知る。

1993年春に北京経由でモンゴルのウランバートルへ。帰国後に、ペシャワール経由でウズベキスタンのタシケント、カザフスタンのアルマータ（当時は首都）等を最初に訪問。

その年の秋から、数年間、或るプロジェクトを建て内陸アジア・5カ国のアカデミー関係者を集めて定期的に各地で研究会合を持つ。事務局はタシケントに。会長は最初の出会いのウズベクの出身者にし、当方は顧問に就任。会議は持ち回りにして、初年度1994年春はタシケント、次いで、翌年はキルギスのイシククル湖保養地、次いでアルマータ。ここではモンゴルからも参加。タジキスタンのドシャンベは内紛で治安上の問題があり避けた。最後はトルクメニスタンのアシハバードで開催。そこで締め括った。ソ連時代の負の慣習から自立性と国際常識に問題あり、世代が交代しないかぎり無理、と判断したからである。

1998年以後は、モンゴルに集中した。ソ連の影響下でも僧伽《さんが》が死んでいなかったのに注目したから。モンゴル仏教はチベット仏教の影響を受け、生まれ変わりを信じている。だから、高僧には清の時代から中共の文化革命の時代でも、統治者側から殺されるのを知っても淡々とその運命を受容している。武漢肺炎（コロナ）で飛行機の定期便が止まり鎖国状態のために、2019年11月を最後にして、訪問できない。

超限戦に敗れない方法
令和版・『闘戦経』ノートII

令和3（2021）年12月8日　第1刷発行

著　者　池田 龍紀
発行者　青木 孝史
発売者　斎藤 信二
発売所　株式会社 高木書房
〒116 - 0013
東京都荒川区西日暮里5 - 14 - 4 - 901
電　話　03 - 5615 - 2062
FAX　03 - 5615 - 2064
メール　syoboutakagi@dolphin.ocn.ne.jp
装　丁　株式会社インタープレイ
印刷・製本　株式会社ワコープラネット

乱丁・落丁は、送料小社負担にてお取替えいたします。
定価はカバーに表示してあります。

ISBN978-4-88471-823-7　C0031

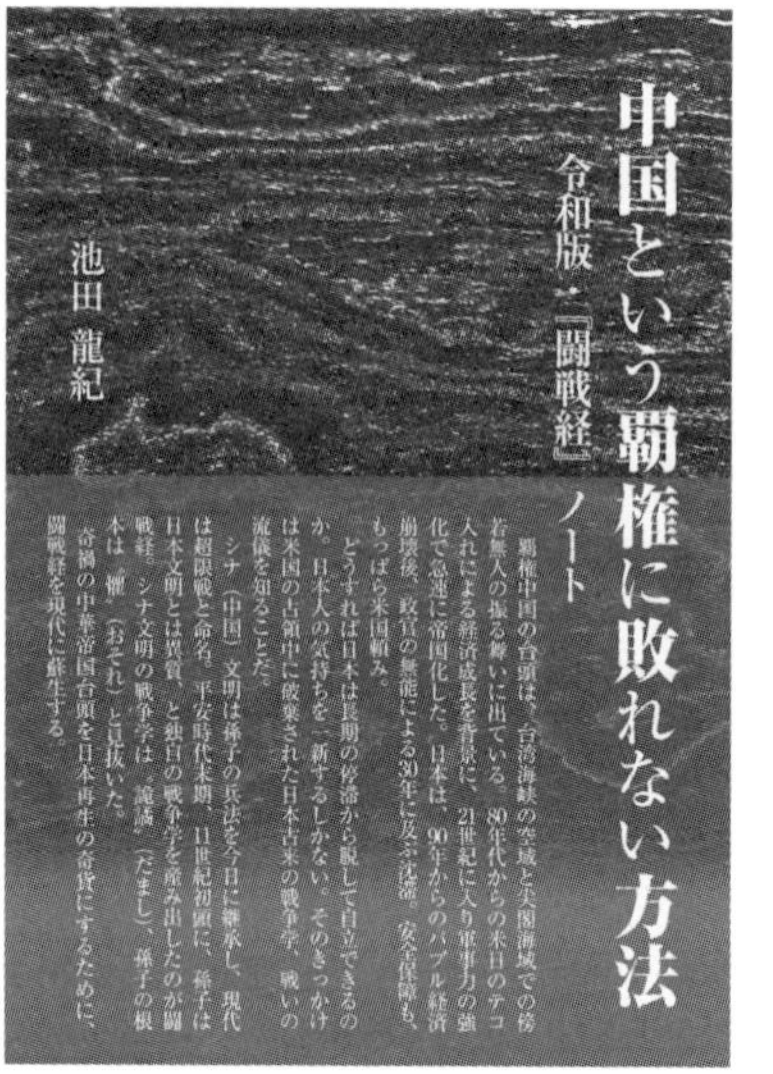

中国という覇権に敗れない方法
令和版・『闘戦経』ノート

池田 龍紀著　高木書房刊
A5判ソフトカバー
定価 二七五〇円（本体二五〇〇円＋税10％）

覇権中国の台頭は、台湾海峡の空域と尖閣海域での傍若無人の振る舞いに出ている。80年代からの米日のテコ入れによる経済成長を背景に、21世紀に入り軍事力の強化で急速に帝国化した。日本は、90年からのバブル経済崩壊後、政官の無能による30年に及ぶ沈滞。安全保障も、もっぱら米国頼み。

どうすれば日本は長期の停滞から脱して自立できるのか。日本人の気持ちを一新するしかない。そのきっかけは米国の占領中に破棄された日本古来の戦争学、戦いの流儀を知ることだ。シナ（中国）文明は孫子の兵法を今日に継承し、現代は超限戦と命名。平安時代末期、11世紀初頭に、孫子は日本文明とは異質、と独自の戦争学を産み出したのが闘戦経。シナ文明の戦争学は〝詭譎〟（だまし）、孫子の根本は〝懼〟（おそれ）と見抜いた。奇禍の中華帝国台頭を日本再生の奇貨にするために、闘戦経を現代に蘇生する。

服部　剛
先生、日本ってすごいね　教室の感動を実況中継！

公立中学校の教師が、未来を担う中学生に日本の良さや日本に生まれた喜びを知ってもらおうと、道徳の授業で立派な日本人や日本の国柄の素晴らしさを教材化した授業実践報告。生徒達の感想が心を打つ。
四六判ソフトカバー　定価一五四〇円（本体一四〇〇円＋税10％）

野田将晴
この世にダメな人間なんて一人もいない!!　高校生のための道徳

通信制高校の道徳授業を公開。強烈に生徒の心に響く肯定感。生き方を知った生徒達は生まれ変わる。道徳とは、青春とは何か。志ある人間、立派な日本人としての道を説く。
四六判ソフトカバー　定価一一〇〇円（本体一〇〇〇円＋税10％）

野田将晴
教育者は、聖職者である。

不登校を抱える親御さん、現場の先生に希望の光が見える。実践記録だけに説得力がある。生徒の存在をまるごと受け入れてくれる教師がいる。生まれ変わった生徒達が巣立っていく。まさに教育者は聖職者なのである。
四六判ソフトカバー　定価一四三〇円（本体一三〇〇円＋税10％）

吉田好克
言問ふ葦

「〈考える葦〉のパスカルは、〈沈黙は最大の迫害〉として世界の虚偽を言問ふ——糾問する哲人だった。この姿勢を鑑とし、民においては〈無国籍の化物〉の虚名インテリらの面皮を剥ぎ、官に対しては尖閣問題で不退転の決意をと迫る。
Ａ５判ソフトカバー　定価二六四〇円（本体二四〇〇円＋税10％）

吉田好克
続・言問ふ葦

戦後、連合軍によって画策されたＷＧＩＰ（ウォー・ギルト・インフォメーション・プログラム＝戦争の罪悪感を日本人に植え付けるための教育計画）。それが今なお日本の真の自由と独立が阻害されている。その呪縛を解く名著。
四六判ソフトカバー　定価一六五〇円（本体一五〇〇円＋税10％）

高山正之
世界は腹黒い　異見自在
事実は小説より奇なり。本音で腹黒い世界をえぐり出してくれる面白さ。驚きと知的興奮を味わいながら、歴史の真実をも勉強できる。まさに世界は腹黒い。名著として、いまなお読み続けられている。
四六判ハードカバー　定価一九八〇円（本体一八〇〇円＋税10％）

田母神俊雄
田母神俊雄の日本復権
生き残りの全国最年少特攻隊員の証言を切り口に、日本が日本としてあるべき姿を歴史の真実から読み解き、リーダー論を加えて展開している。戦後の嘘の歴史に騙されてはいけない。真実の日本の歴史を知れば誇りが生まれる。
四六判ソフトカバー　定価一四三〇円（本体一三〇〇円＋税10％）

加瀬英明（監修）
われわれ日本人が尖閣を守る
尖閣諸島には実効支配の証となる灯台が建っている。問題は日本政府である。「中国を刺激してはならない」と、中国に遠慮し日本の立場を主張してこなかった。各界の知識人がその対処法を独自論で展開している。
B五判ソフトカバー　定価一〇四七円（本体九五二円＋税10％）

田中正明
朝日が明かす中国の嘘
南京大虐殺を事実のように伝える朝日新聞。だが当時の朝日新聞は、それについて何も書いていない。むしろ微笑みが戻った南京を報道。当時の新聞記事を紹介しながら南京の真実に迫る。
四六判ソフトカバー　定価一七六〇円（本体一六〇〇円＋税10％）

出雲井晶
日本神話の心
「日本神話」は、わが国でもっとも古い、もっとも尊い宝物。読み進むにつれて、尽きることのない深遠な真理が秘められていることに気づく。付録の日本神話の名文にも触れてほしい。
四六判ソフトカバー　定価一一〇〇円（本体一〇〇〇円＋税10％）